陕西省农技服务"大荔模式"实用技术丛书

冬枣

优质安全栽培技术

（彩图版）

安师禄 张立功 赵雅梅 主编

中国农业出版社

图书在版编目（CIP）数据

冬枣优质安全栽培技术：彩图版 / 安师禄，张立功，赵雅梅主编． —北京：中国农业出版社，2013.9（2014.2重印）

（陕西省农技服务"大荔模式"实用技术丛书）
ISBN 978-7-109-18254-7

Ⅰ．①冬… Ⅱ．①安…②张…③赵… Ⅲ．①枣—果树园艺—图解 Ⅳ.①S665.1-64

中国版本图书馆CIP数据核字（2013）第197722号

中国农业出版社出版
（北京市朝阳区农展馆北路2号）
（邮政编码 100125）
责任编辑　张　利　石飞华

中国农业出版社印刷厂印刷　新华书店北京发行所发行
2013年9月第1版　2014年2月北京第2次印刷

开本：880mm×1230mm　1/32　印张：3.75
字数：95千字
定价：25.00元
（凡本版图书出现印刷、装订错误，请向出版社发行部调换）

农技服务大荔模式
Agricultural Service Dali Mode

"**大荔模式**" 是由大荔县和陕西荔民农资连锁有限公司探索，省市科技部门培育、提升，以企业为平台，整合现有科技服务方式（星火科技12396信息服务、科技特派员、科技专家大院、科技培训）、整合县域科技资源的公益性服务和以市场机制为导向的经营性服务，采取县为单元、连锁经营、技企结合、密集覆盖、三级网络服务的农资农技双连锁、农资农副双流通、政府企业双推动的新型科技服务体系。

"陕西省农技服务大荔模式示范与推广"省级地方重大专项2011年11月立项，实施期限三年，项目按照"政府推动、企业主体、科技支撑、市场运作、多方共赢"的发展思路，依托杨凌示范区科教优势，整合统筹农业科技资源，以渭南市为主体，创新、完善、示范、推广大荔模式，突出建好核心区，重点抓好示范区，全面推进推广区，到2013年末初步建立起运转顺畅、协调有力的大荔模式示范与推广服务体系。项目的运行设置分为大荔模式核心区建设、渭南市大荔模式示范能力建设、渭南市大荔模式推广与应用、渭南市公共服务平台建设等4个课题。项目完成后，计划建设乡镇配送中心示范点54个、村级连锁店示范点216个、现代农业科技创业示范基地5个以上、农业科技专家大院6个以上、协调中心1个、农村综合科技服务平台1个，构建718人的专家及技术员队伍，累计培训人员90万人次。通过实施该项目，可使广大农民通过使用放心农资在农业生产中降低生产成本15%～20%，通过技术服务增产10%以上，核心区农民收入年均增长500元以上，示范区增长300元以上，推广区增长200元以上。

项目承担单位为渭南市科学技术局，负责人张向民，首席专家鲁向平。主要参加单位有陕西荔民农资连锁有限公司、渭南市生产力促进中心、渭南市科学技术开发中心、渭南市科学技术情报研究所、各市区县科技局及大荔模式载体企业等单位。

前言

　　"大荔模式"是由陕西省大荔县政府和陕西荔民农资连锁有限公司探索，由陕西省科技厅给予培育、提升的农业科技服务新模式。"大荔模式"按照政府引导＋企业运作＋技企结合＋技物配套的运行机制，创立县、乡、村一体的科技服务平台，构建起了两条网络：一是农资连锁经营网络，即县设总部、镇设配送中心、村设连锁店，形成了县、镇、村三级连锁农资经营网络；二是农业科技服务网络，即县建专家团、镇设特派员、村聘技术员，形成县、镇、村三级连锁农技服务网络。这张大网紧紧地把专家技术团队和各种服务方式聚集起来，在销售农资农副产品的同时，全方位、全天候为农民提供电话咨询、网络视频诊断、科技110出诊、科技报刊入户、专家进村授课、LED农情预报、手机短信群发、测土配方施肥、建样板示范田、提供果品销售信息服务等十余种不同形式的免费技术服务。解决了"农技单位有人才，缺经费，技术进村入户难；民营企业有资金，想服务，培训农技人员难；农技人员有技术，缺平台，深入生产实际难；农民群众想致富，缺技术，产业效益提升难"四大难题。

　　新形势下的"大荔模式"项目为了进一步

1

培育新型农民，建设新农村，要求针对当地主要作物编写一套农业实用技术培训教材，命名为《陕西省农技服务"大荔模式"实用技术丛书》，旨在作为培训教材，实现作物生产标准化，确保农副产品安全化，形成农作物生产绿色化，最终达到"生产标准无害化，产品健康有营养，生产可追溯"的目的。陕西荔民农资连锁有限公司、荔民"田生金"技术研发中心积极邀请国家、省、市、县行业专家和荔民公司技术推广部的技术人员和基层乡土专家，针对陕西常见的16种经济作物组织编写了这套丛书。该丛书的出版，将进一步增强科技为农服务的水平，提升"大荔模式"的集聚创新和核心示范水平，完善陕西省农技服务体系，推进"大荔模式"在陕西乃至全国的推广应用。

书中引用了一些专家、同行的科研成果、科技论著，在此表示感谢！鉴于编者水平所限，书中错误在所难免，不当之处，敬请广大读者批评指正。

编　者

目录

CONTENTS

第一章 概 述

枣为鼠李科枣属植物，学名 *Ziziphus jujuba* Mill，原产于我国黄河流域。早在 8 000 年前枣已是人们食物的组成部分，我国枣栽培历史也有 5 000 年之久。

冬枣别名冻枣、雁来红、果子枣、苹果枣、冰糖枣，是枣品种中的一系列晚熟、鲜食的优良品种。果大，近圆形，纵、横径各 2.9 ～ 3.2 厘米，皮薄，核小，汁多，肉质细嫩酥脆，甜味浓、略酸，品质优良，是枣中精品，居全国 260 多种枣果之冠。

冬枣历史上只集中散生于环渤海湾沿海低平原地区的河北黄骅市、山东沾化县等少数几个县（市）；河北沧县、海兴、故城，山东无棣、乐陵、庆云等县（市）只有零星分布。据报道，在河北黄骅市聚馆村现存最古老的一片原始冬枣林中，超过 100 年树龄的有 1 000 多棵，其中 198 棵已经超过 600 年的历史。2006 年 6 月，这片原始冬枣林已被国务院确定为"国保"级经济林，加以重点保护。山东省沾化县的冬枣树零星分布在该县的下洼、大高、古城等几个乡镇。1984 年枣树资源普查发现，百年左右的老冬枣树有 50 余株左右。除上述主要分布区域外，冬枣树在沧州其他县（市）和滨州、德州个别县（市）过去也有零星栽植。

从目前引种试种的情况看，山西省临猗县、陕西省大荔县、北京郊区、河北石家庄、新疆的南疆、安徽北部也有较大的栽培面积。全国各地北至辽宁南部、北京北部，南至海南岛，东至胶东半岛、浙江沿海，西至云贵高原、四川盆地、新疆南疆 20 多个省、自治区、直辖市均有冬枣引种栽培（图 1-1）。

图1-1　冬　枣

一、冬枣的营养成分

冬枣个大、皮薄，核小肉厚，果肉酥脆、甘甜清香，含有丰富的营养。特别是维生素C的含量尤其丰富，每百克食部含352毫克，是金丝小枣的20倍、苹果的70倍、梨的140倍，堪称"活维生素丸"。此外，冬枣还含有胡萝卜素、维生素B_2、芦丁、镁、钙、铁、锌、三萜类化合物、环磷酸腺苷等多种营养成分，具有良好的药用和保健价值：①防治心血管病。冬枣中含有的环磷酸腺苷能够扩张血管，增加心肌收缩力，对防治心血管系统疾病有良好的作用。冬枣中含有丰富的维生素C、芦丁和多种微量元素，对于维持血管壁弹性、抗动脉粥样硬化很有益。②调节免疫。冬枣中富含的环磷酸腺苷是一种重要的生理活性物质，参与人体内多种生理活动，可以调节免疫系统，抑制癌细胞增殖。③解毒保肝。冬枣中含有丰富的糖类和维生素C以及环磷酸腺苷等，能减轻各种化学药物对肝脏的损害，并能增加血清白蛋白含量，降低血清谷丙转氨酶水平。④抗过敏。冬枣中含有的三萜类化合物和环磷酸腺苷，还有较强的抗过敏作用。中医理论认为，冬枣具有补虚益气、养血安神、健脾和胃等作用，对慢性肝炎、贫血、过敏性紫癜等症有较好疗效。

二、冬枣的经济价值

1. 市场价值　冬枣无论是同其他果品相比，还是与同类枣产品相比，比价都较高。冬枣不但以其优良的品质被人们所认识和肯定，而且成熟期在10月上旬，正值其他鲜食果品的淡季，所以市场价值较高。近年来，虽然随栽培面积的增大及投入市场产品的增加，冬枣价格有所降低，但其价格在三类市场仍能维持较高的水平，即产地价格10～15元/千克，国内各大中城市的销售价格40～60元/千克，港澳市场零售价高达100元/千克。在意大利维罗纳第107届国际农牧业及机械博览会上，华仁冬枣曾卖到每个50元。由此可见，冬枣的比价在多种果品之上，冬枣产业仍是枣农的黄金产业。

2. 改土价值　冬枣的根系在较黏重的中壤土中穿插分布，不仅能促进表层土壤水分的下渗，还迫使盐分从表土层下渗到深层，并可使深层地下水分通过枣叶在空气中蒸腾散失，减轻上升到地表的数量，促进土壤脱盐。

3. 蜜源价值　冬枣开花量大，且维持时间长，蜜盘大，枣花分泌的花蜜多，蜜源丰富，非常适于放蜂采蜜。枣花蜜为上等蜜源，营养价值高，不仅国内售价高，还可以出口。冬枣园放蜂，不仅可以增加收入，还可以提高坐果率。

三、我国冬枣带动红枣产业发展

红枣起源于我国黄河中上游的陕晋黄河峡谷一带。我国也是红枣最主要的生产国，是世界红枣的唯一出口国。据国家林业局统计，我国现有红枣面积约120万公顷，年产红枣200万吨以上，均占世界产量和面积的99%以上。

我国红枣生产，传统上主要是干枣（传统意义上的红枣），主要集中在北方枣产区，约占红枣面积和产量的85%以上；其次是蜜枣生产，主要集中在南方枣产区，也有部分北方枣产区的品种加工蜜枣。20世纪90年代以来，鲜食枣产业得到迅速发展，市场看好，鲜食枣已成为红枣产业中最具发展潜力的一个方向，红枣产业中的内部结构也发生了较大的变化。

目前我国红枣产业中陕西关中适宜栽植的鲜食枣品种有蜜蜂罐（图1-2）、疙瘩灵（图1-3）、金丝蜜（图1-4）、冬枣、梨枣（图1-5）、早脆王（图1-6）、骏枣等。特别是冬枣，发展较快，

图1-2　蜜蜂罐

图1-3　疙瘩灵

图1-4　金丝蜜

冬枣优质安全栽培技术 (彩图版)

图1-5　梨　枣

图1-6　早脆王

面积最大，效益最高，已成为当地的主要栽培品种。鲜食冬枣目前全国约有13万公顷，主要采用优选品种，优化布局，进行优质无公害生产和鲜枣贮藏保鲜，经济效益好，市场潜力大，发展前景广阔。下一步发展的重点是：适宜交通便利、水利条件好的优生区发展，产业周期短，效益好，市场潜力大，但不乏技术和市场风险，应注意防控。

无公害果品是指果树的生长环境，生产过程以及包装，贮藏，运输中没有被有害物质污染，符合国家卫生标准的果品。无公害果品以安全、优质、营养丰富为特色。无公害果品生产有其严格标准和程序，主要包括环境质量标准，生产技术标准和产品质量检验标准。

四、冬枣的发展历史与栽培现状

据资料考证，冬枣有500多年的栽培史，其实际栽培时间可能还要长。至今生长500年左右的老冬枣树在主产区多处可见，在山东沾化、河北黄骅等地有多株至今还挂果的古树。冬枣这一"稀世珍品"在自然状态下生长了几百年之后，于20世纪80年代才被开发，经过短短的20年，就形成了比较大的生产规模和市场，生产潜力很大。冬枣正在走出渤海湾，走向全中国。

冬枣大面积的推广种植，除了市场导向之外，更重要的是技术支撑。总结冬枣的生产实践，既有成功的经验，又有失败的教训，其生产中的技术含量起着决定性作用。鲁北沿海，土壤盐碱化严重，水浇条件差，农民收入一直较低。现该地区已将冬枣发展成栽培面积6万公顷、产值过10亿元的大产业，2011年冬枣更是喜获丰收，总产量达到17万吨。陕西关中东部栽植面积1.3万公顷，特别是大荔县发展迅速，栽植面积超过1万公顷，产值过10亿元，其中有每亩产值超10万元的典型。陕西省大荔县冯村镇南堡村张思凯的0.9亩*日光温室大拱棚冬枣（图1-7），2012年收入

---

*　亩为非法定计量单位，15亩＝1公顷。——编者注

冬枣优质安全栽培技术（彩图版）

超过9.6万元。小冬枣成为名副其实的"金疙瘩"。冬枣栽培新技术、新模式快速发展，芽变短枝优良品种的选育已经成功。2011年以来，随着政府刺激内需政策效应的逐渐显现及人民生活水平的提高，冬枣栽培下游行业进入新一轮景气周期，从而带来冬枣栽培市场需求的膨胀，冬枣栽培行业的销售回升明显，供求关系得到改善，行业盈利能力稳步提升。同时，在国家"十二五"规划和产业结构调整的大方针下，冬枣栽培面临巨大的市场投资机遇，行业有望迎来新的发展契机。

图1-7 大拱棚栽植冬枣

第二章　冬枣植物学特征和生物学特性

一、冬枣的植物学特征

（一）根

冬枣树属浅根性树种，主根不明显，侧根发达。按其生长类型分为水平根、垂直根、侧根、细根；按其繁殖类型分为实生根和茎源根。含水量低是枣树根系的特点。

1. 按生长类型分类

（1）水平根　水平根多为二歧分支，分支角度小，分支少，向外延伸生长的能力强，分布范围广，其功能主要是吸收养分和水分，并萌生根蘖，多分布于15～40厘米土层中。

（2）垂直根　由水平根向下延伸形成的，生长力较弱，深入地下3～4米，其主要功能是固定树体和吸收深层土壤的养分和水分。垂直根分支少而角度小，有向下生长的特性。

（3）侧根　由水平根的分支形成，分支方式一般为二歧分支或三叉分支。由于侧根的分支力强，在先端着生细根。

（4）细根　着生在侧根根群上。细根一般粗1～2毫米，长度30厘米左右。寿命短，有周期更新现象。细根的含水量极低，细根出土后在裸根下，有"见风如干柴，手碾成细面"的说法。

2. 按繁殖类型分类

（1）实生根　由种子繁殖的冬枣树的根砧苗为实生根系。其特征是垂直根和水平根都发达，但垂直根比水平根更发达。

（2）茎源根　多为冬枣树的枝条扦插苗、茎段组培苗及水枣等品种的嫁接苗的根系。其特点是水平根较垂直根发达，向外延伸能力强。

（二）枝干

冬枣树为亚乔木类型，树体中等，树姿开张，树冠多呈自然半圆形，树势中庸偏弱、发枝力中等，枝叶较密，树干灰褐色、表皮粗糙、裂纹宽条状，树皮易剥落、干性较强。冬枣的枝分为枣头（发育枝）、二次枝、枣股（结果母枝）、枣吊（一年生结果枝）。

（1）枣头　枣头呈紫褐色，枝面较光滑、皮孔中大、长圆形、微凸、开裂、较稀、针刺退化，由枝的顶芽或叶腋间的主芽萌发而成，呈单轴延伸，具有延长生长能力，并且加粗生长很快，构成树干的骨架，上面着生二次枝。

（2）二次枝　二年生枝呈褐色，多年生枝呈灰褐色，枝面渐变粗糙。具 3 ~ 8 节，节间较长，枝形平直，节上无针刺。由枣头中上部的副芽萌发生长而成，是永久性枝条，是形成结果母枝的基枝，上面着生枣股。

（3）枣股　枣股呈圆锥形或半球形，生长量极小，着生在二年生以上的二次枝上。在"之"字形二次枝上每节着生一个枣股，生长方向不同，随树龄的增长而长大，一般寿命为 10 ~ 30 年，以 3 ~ 5 年的枣股结枣力最强。

（4）枣吊　枣吊（图 2-1）由副芽萌生而成，主要着生在枣股及

图 2-1　枣 吊

当年生枣头一次枝的基部及二次枝的各节上。在枣股上呈螺旋状排列，开花坐果后枣吊下垂，长度一般为13～20厘米，具有10～18节。

（三）叶

冬枣的叶属完全叶类型，由叶片、叶柄和托叶三部分构成。叶片呈长圆形或卵状披针形（图2-2），窄长，略有弯曲，两侧略向叶面卷起，革质，蜡层较厚，无毛，表面光滑，较暗。叶片平均长4.3厘米，叶端渐尖，叶缘锯齿有的钝细、有的稀粗，有3条主叶脉，叶柄为黄绿色。成熟叶片呈深绿色，在枣吊上单叶互生。叶片除少数着生在二次枝基部外，均着生在枣吊上，每个枣吊上平均生9～12片叶。

图2-2　枣　叶

（四）花

冬枣的花着生于枣吊叶腋间，为不完全伞形花序，雌雄同花，属夜间裂蕾型，但散粉、授粉均在白天。具有典型的虫媒花特点，花较小，花瓣淡黄色，花器较短，分为3层，外层为5个三角形黄绿色萼片，内2层为匙形花瓣和雌蕊各5枚，与萼片交错排列。雌蕊着生在蜜盘中，柱头2裂，子房为2室，每室有胚珠1个。

（五）果实

冬枣果实的特征因品种而异。

1. 鲁北冬枣　包括沾化冬枣（图2-3）、沾化冬枣芽变短枝冬枣、黄桦冬枣等。多分布在鲁北、冀东南的环渤海湾沿海地区及黑龙港流域。该品种果实中等偏大，果形近似苹果，故也称为苹果枣。平均果重15克左右，大果重25～30克。果皮薄而脆，果实成熟后呈褐红色。果肩平圆，梗洼平或微凹下，环洼大，中深。果顶圆较肩端略瘦小，顶洼小中深，果柄较长，果实不裂果，果呈小圆形不明显，果核短纺锤形、浅褐色、核纹浅、纵条状，多数具饱满种子。果肉细嫩多汁，绿白色，甜味浓、略酸，具草辛味，生食无渣，可溶性固形物含量40%左右，含水量70%左右，可食率达96.9%，为品质极佳的稀有品种。

图2-3　沾化冬枣

2. 薛城冬枣　为大果型，特晚熟鲜食品种。果实呈圆形略扁，端正、整齐度高，平均果重22克左右，大果可在40克以上（图

2-4）。果实中可溶性固形物含量27%，可食率97.3%，果肉松脆，口感略粗，果汁含量中等偏多。不足之处是部分果实有核外核的现象，品质较差。

图2-4　薛城冬枣

　3.成武冬枣　果实较大，外观呈长椭圆形，平均果重25.8克，最大果重32克，整齐度较高，特色是果面不平，誉称"糖疙瘩"（图2-5）。果皮较厚，外观呈深褐红色。果肉细脆较硬、少汁、甜味浓，果实中可溶性固形物含量35%～37%，可食率97.8%，品质上等。

图2-5　成武冬枣

4.**大荔冬枣** 由沾化冬枣与沙苑水枣嫁接而来。果实较大，平均25克左右，优等果平均27克以上（图2-6）。果实脆而硬，汁多肉细甜味浓。因产地四季分明，冬枣成熟期昼夜温差大，含糖量高。果实中可溶性固形物含量36%～38%，可食率97.6%，品质上等，优于沿海产地。

图2-6 大荔冬枣

二、冬枣的生物学特性

（一）冬枣树各器官的生长特性

1.**根的生长特性** 一般茎源根系繁殖的苗木成树后，水平根系分布浅而发达，覆盖面大，由于土壤上层养分比下层养分含量高，故可以吸收的养分多，树体生长快，枣果产量高。而实生根系繁殖的苗木成树后，垂直根系发达，根向下扎得深，由于土壤下层水分比上层丰富，故可以较多地吸收利用下层土壤水分，树体适应性强。

在年生长周期中，冬枣树的根系活动有以下规律：根系活动与地上部分生长相呼应，由于生长所需温度条件不同，根系比枝叶生长开始的时间早而结束的时间晚。4～5月是枝叶生长期，根系生长缓慢；6月枝叶生长逐渐缓慢，根系生长速度加快；7～8月枝叶生长基本停止，根系生长进入全年的生长高峰；以后受温度的影响，9月根系生长逐渐缓慢，至落叶期进入休眠。根系的全年生长期比地上部分长。

2.枝芽的生长特性

（1）枣头　枣头是形成骨干枝和结果枝的主要枝条，是构成树体的骨架，在枝条中处于领导地位，故称枣头。枣头停止生长时，顶部能形成顶芽，翌年萌发，继续延长生长，一年只能萌发一次。冬枣的枣头在萌发生长的前期，生长发育很快，之后缓慢，整个生长期为2～3个月。新生枣头既能进行营养生长，扩大树冠，又可增加结果部位。新枣头当年即能结果。

由一次枝上的副芽形成的二次枝，是永久性枝条，每个一次枝上有10个左右二次枝，二次枝当年停止生长后，顶端不形成顶芽，以后也不再延长生长，加粗生长也很缓慢。二次枝是形成结果母枝的基枝，其上有节（或称拐点）5～20个，上面着生枣股。

枣头一次枝上的叶序为2/5，二次枝上的叶序为1/2，呈"之"字形。这两种叶序的配合方式体现出冬枣树喜光的特性，能够充分占用空间，合理利用光能。

（2）枣股　枣股着生在二年生以上的二次枝上或枣头一次枝顶端及基部，是生长量极小的结果母枝。枣股一旦形成，当年便可结果。枣股的形成是枣头由旺盛的营养生长转向生殖生长结果的形态变异，枣股的寿命可达20年以上。枣股枝顶具完整的顶芽，每个枣股上可抽生3～12个枣吊。一般一年萌发一次，由其上的副芽抽生枣吊开花结果。当遇灾后，枣股可再次萌发、生长、开花、结果。

枣股的生长方向不同，结果能力有较大差异，表现出明显的极性趋向。在同一个斜生或平生的结果二次枝上，向上着生和平生的枣股结果能力显著高于向下生长的枣股，下垂枝上的枣股结果能力也较弱。

由于处于枣股内的疏导组织不如枣头发达，故有利于养分积累和开花结果。

（3）枣吊　枣吊为一年生脱落性长叶结果枝，每年更新一次，晚秋随着落叶一起脱落，枣吊的主要功能是长叶、开花和结果。

一般长15厘米，以枣头基部和枣股萌发的枣吊最长，二次枝上的枣吊最短，一个枣吊上可结果10个以上。枣吊柔软纤细，结果后下垂，这一特性可增加枝间的透光系数，使冠内光照不致于因叶面积增加而削弱，表现出枣树对自然环境的一种适应性。

叶片在枣吊上单叶互生，排成二列，叶表皮内部有栅栏组织，叶绿素主要存在于栅栏组织中。枣叶光合作用效率高，是因为树叶的正反两面表皮内部都是栅栏组织，都具光合作用（一般果树的叶背面表皮内是海绵组织，不具叶绿素故不能进行光合作用）。枣吊集开花和长叶于一身，具有结果和光合作用的双重作用。

（4）芽　枣树的芽分为主芽、副芽、隐芽和不定芽。

主芽和副芽着生在同一节位上下排列为复芽，主芽被三个鳞片所包被，呈针刺状。主芽形成后当年不萌发，为晚熟性芽；副芽随时形成随时萌发生长，属早熟性芽。

①主芽着生在枣头和枣股的顶端或着生在枣头一次枝和二次枝的叶腋间，也着生在木质化程度较高的枣吊叶腋间。着生在枣头顶端的主芽翌年萌发成为枣头的一次枝，着生在枣头一次枝叶腋间的主芽不萌发，着生于枣股顶端的主芽受刺激后萌发为发育枝，枣股侧面的主芽呈隐芽状潜伏。

②副芽着生在一次枝主芽的左上方或右上方，也着生在二次枝和枣吊的叶腋或枣股主芽的周围。位于枣头一次枝上的副芽，中部以上的发育成永久性二次枝，基部发育成脱落性二次枝。二次枝上的副芽，随着枝条的延伸而抽生枣吊。

③隐芽的形成是由于有的主芽缺少激素刺激，生长处于抑制状态暂不发芽。隐芽的寿命很长，受刺激后萌发。

④不定芽的萌发既没有一定时间，又没有一定部位，多出现在主干、主枝的基部或机械伤口处，由射线薄壁细胞发育而成。

（5）枝芽转化特性　枣树枝芽的生长与其他果树不同的地方是枝芽间可以互相转化。冬枣树的三枝四芽的相互转化特性可分为以下两类：

①主芽的转化。生在枣头和枣股顶端或侧生在枣头和枣股腋间的主芽，萌发后再形成枣头和枣股，这两类枝条不但长势不同，形态有异，功能也不一样。

②枣头和枣股的互相转化。枣头和枣股均可通过某种刺激或改变营养条件，使其相互转化。当对枣股修剪后，可抽生枣头，由结果枝转变成生长枝。对枣头早期摘心，可抑制二次枝生长，则由生长性枝转变为结果性枝。

枣股上也可抽生枣头，但生长弱，寿命短，俗称"吊子枝"，利用价值不高。由此可见，冬枣树的生长性枝和结果性枝可以相互更替和相互转变。

3. 花芽分化特性　冬枣花芽分化从形态上看，可分为五个时期，即苞片期、分化初期、萼片期、雄蕊期和雌蕊期。其特点是当年分化，多次分化。分化随着枣吊和枣头主芽萌发开始，并随着枣吊的加长生长而进入高峰期。

花芽分化与枣吊的生长同时进行，冬枣的花朵，生于枣吊的叶腋处，当枣吊出现第一片幼叶时，叶腋间就有苞片突起发生，花芽原始体即半出现，到第二、第三幼叶放出时，第一个苞片内侧出现花芽原始体膨大变平，标志进入分化开始期。以后顶部每长出一片幼叶，即有新苞片出现，新的花芽原始体发生。当枣吊长到5~6片叶时，先形成的花芽的各部分已经分化完成。当从外观上已经可以清楚地看出花蕾时，花部器官已完成分化，逐渐出现萼片、花瓣、雄蕊和雌蕊。

不同花芽出现的顺序有所区别，枣股上枣吊早萌发的先分化，枣头上的花芽以基部、中部和上部的顺序分化，先一次枝基部的枣头分化，后二次枝的枣头分化。对整树来讲，树冠上有新的生长点，就有花芽形成分化的可能，从而使得花期长，并出现多次结果的现象。这一特性增强了开花坐果的可塑性。如果因自然灾害影响了一次坐果，在花期内还可以争取下次的开花结果。

4．开花结果特性

（1）开花 冬枣的开花顺序与分化顺序是一致的，先完成分化的花先开放，全树的开花顺序为：树冠外围的开花最早，逐渐向内延伸开放；一个花序的中心花先开，然后是一级花、二级花、多级花开放；一个枣吊是基部花开放后再逐节开放的。

不同年份因气温不同，花期差异较大。春旱，气温高，花期早而短；春季多雨，气温低，花期晚而长。

冬枣为典型的虫媒花树种，虽然自花结实，但异花授粉坐果率更高。以花开当天坐果率最高，以后逐减。花期对温、湿度要求较高，花粉发芽的适宜温度为27℃左右，相对湿度为80%左右，低于20℃或高于35℃的温度对花粉发芽不利，低于70%的相对湿度也影响花粉发芽。

（2）结果 卵细胞受精后胚珠形成种子，子房和花盘发育成果实，由于具有坚硬的核果，称之为抑核果。枣花授粉受精后至果实成熟分为四个阶段：

一是细胞迅速分裂期。这一时期，因果实中各部分的生命活动旺盛，果实细胞迅速分裂和生长。此期一般15～20天。分化期的长短，可直接影响果实的大小。

二是果实快速生长期。此期15～20天，细胞分裂停止后，体积迅速增长，各部分增长出现高峰，种子各器官迅速生长，果实的纵径和横径先后出现增长高峰。由于各部分生长迅速，对营养物质消耗也进入高峰期，若肥水不足，会引起严重的生理脱落，即使保留下来的果实也会生长不良。

三是果实重量增长期，也称硬核期。由于核细胞木质化、营养物质的积累及细胞间隙迅速增大，果实重量迅速增加，横径明显增长。此期持续25～30天，基本完成果实形状的变化，形成本品种的形态特征。

四是营养物质的积累及转化期。此期为熟前增长期，主要完成营养物质的积累和转化，细胞和果实的增长均很缓慢，果实形

状基本固定，果皮由绿色转淡，开始着色，糖分增加，风味加浓，出现成熟形态。冬枣果实成熟晚，在陕西关中地区自然发育，白熟期在9月中旬，完熟期在10月上旬。

冬枣具一定的早果性，且早期结果高产性能好。盛果期枣树因冠内光照条件恶化，结果部位外移，其外围枣果产量高于内膛10多倍。

冬枣树是多花树种，虽然花量很大但由于多种原因，坐果率都很低，在自然条件下，坐果率仅为开花数的0.4%～1.5%，而在开花至果实的发育过程中，落花、落果现象较严重。多数生理落果占花后坐果数的80%以上，高的达95%以上。主要原因有：

一是林间小气候条件差，如温度、空气湿度和光照条件及土壤条件不能满足树体的需求。

二是树体本身的营养状况差，树体贮藏的养分不能满足冬枣开花坐果的需要，同时若树体内脱落酸含量过高，也可以促进落果。

三是花朵受精不良，主要是树体内内源激素水平低，而造成坐果不良。

四是多种器官的生长同步进行，且物候期重叠，使各器官间养分竞争激烈，由于养分消耗多，单供果实生长的养分量不足。

五是温度不正常，忽高忽低，变化幅度大，或遇阴雨天气授粉不良。

六是灾害性风力造成，在枣果生长后期由于枣果较大，重力大，树体在大风中晃动会造成大量落果。

七是枣吊有二次生长的习性，多发生在幼果形成初期，会与坐果产生严重的营养竞争，引起幼果脱落。

（二）冬枣树的阶段发育特性

1. 冬枣树年生长发育特点 冬枣在陕西关中产地，冬枣树一般在4月上旬萌发，4月下旬展叶，展叶后经5天左右（5月上旬）现蕾，5月中旬始花，5月末至6月初盛花，相继坐果，6月中旬至

7月中旬历时1个月为早果的速长期，7月下旬为早果缓慢生长期，8月上、中旬为晚果速长期，9月中旬进入白熟期，10月上旬进入完熟期，10月下旬落叶，生长期为170～180天。

枣头的生长发育期为60天以上，枣头萌发后增长较快，5月中旬为第一次生长高峰，每周生长量为10～15厘米；6月中旬出现第二次生长高峰，每周生长量为5～10厘米；7月中旬停止生长，总生长量可达55厘米以上。二次枝的旺盛生长期较短，一般15～20天，且生长量要小得多。越接近枣头顶端的二次枝生长量越小。

枣吊生长期为60～70天，从4月上旬萌发到5月上旬前后达生长高峰，每周生长量达4～8厘米，5月中旬生长缓慢，6月上旬出现第二次生长高峰，但生长很缓慢，每周生长量只有1～2厘米，直到7月才停止生长，进入正常的维持功能期。枣吊的生长特点是生长期短而集中，同时随枣吊的生长，叶面积的增长也达到高峰。

可见冬枣树地上部分的生长发育活动，在前期以抽枝、长叶、开花坐果为主，后期以果实发育为主（冬枣设施栽培提前生长发育，以优质获高效）。

2. 冬枣树的周期生长特点　根据营养生长与生殖生长的变化，冬枣树的整个生长周期分为以下几个阶段：

（1）苗期生长阶段　从苗木培育到苗木定植的阶段，需要2～3年，一般枝条扦插、组培苗及归圃嫁接苗2年出圃栽培，种子育苗则需3年出圃栽培。

（2）营养生长阶段　从苗木定植到主枝骨架形成，一般为3年以上。此阶段以营养生长为主，枣头单轴延伸生长，主枝层次分明，主干发育优势明显。虽然也开花，但不实行人工调控的情况下，坐果率很低。此阶段根系发育旺盛，以水平根延伸为主。

（3）生长结果阶段　从树冠初具形成开始至树冠完全形成进入定型生长。此阶段一般枣园为3～4年，密植枣园为2～3年。生长特点是营养生长与生殖生长并进，初期营养生长仍占主导地位，主枝大量分生侧枝，一级侧枝形成结果基枝，制造的养分主要用于扩大树冠，直至树冠定型。同时生殖生长不断转旺，开花结果不断增多，产量逐年上升。

（4）盛果期阶段　从树冠定型至结果枝开始衰退。此阶段冬枣树的冠幅和根幅均达到最大值，骨干枝的生长基本停止。结果基枝、结果母枝、结果枝等均已经达到最大值，营养生长转缓，转入生殖生长为主阶段。结果量迅速增加，产量逐渐达到高峰。此阶段一般冬枣园为20年以上，密植冬枣园为10～15年。

（5）结果更新阶段　冬枣树的旺盛结果后期，主干、主枝上的基果枝开始衰退，主枝逐渐弯曲下垂，结果能力随树龄的增长逐渐下降，全树内膛逐渐空虚，结果部位外移，主枝上的隐芽或不定芽萌发出徒长新枝，同主干并行延伸。此阶段应对枣园进行更新重植或对树冠内的主侧枝重剪，重新培育新的树冠及结果枝。

（6）衰老阶段　此阶段因树势衰老，树体残缺，主干或主枝出现伤痕或树洞，树冠和根系大量回缩，树体结果少，产量低，有的甚至断裂枯死。

（三）冬枣树对自然环境的适应性

冬枣树是适应性很强的树种，耐寒耐热、耐旱耐涝。

1. 对土壤的适应性　土壤是承载冬枣树的主体，其不仅为冬枣树提供必需的养分，而且直接影响枣树的生长和果品质量。冬枣对土壤的适应能力较强，不仅具有耐土壤酸碱度栽培的特性，而且对土壤质地要求不严，沙土、壤土、黏土及沙砾土均能适应。但最适宜的土壤类型是黏度轻且稍偏盐碱的潮土。

表层为沙壤、底土为中壤的土体构型好，称为"蒙金土"。其表层土壤有良好的保水蓄水性和吸热性能，下层土壤又有较强的保肥保水能力。枣树为浅根性树种，根系主要分布在15～50厘米深的土层，此土层的保水保肥性能对枣树的生长发育起重要作用，所以黏潮土是最适合枣树生长的土壤。

从土壤的固、液、气三项比也可以看出，黏潮土的三项比大体为51.3（固态）：25.5（液态）：24.2（气态）。中壤质体黏潮土的三项比，较接近世界上理想的旱地土壤的三项比（50：25：25）。从枣树的生产管理中可见，在中壤质体黏潮土生长的冬枣树，树势健壮，发育良好，其叶色比在沙壤土上生长的冬枣树深且光泽明显，后期的枣果不仅品质好而且产量也高。而在沙壤土上的冬枣树，树势、枣果品质和产量均不如中壤土。同时冬枣的耐盐能力要比其他枣品种强。有人在不同含盐量的土壤上进行冬枣栽培试验，结果见表2-1。

表2-1　不同土壤含盐量的冬枣产量

土壤含盐量	对照0.19%以下	0.1%～0.2%（轻）	0.21%～0.4%（中）	0.41%以上（重）
枣产量	每亩1 125.6千克	为对照的77.4%	为对照的58.1%	为对照的44.6%

由此可见，冬枣可以在含盐量0.4%以下的盐碱地上栽培，完全适宜在含盐量0.2%左右的土壤上栽培。在盐化土壤上栽培的冬枣的产量，虽然略低于在无盐化典型潮土上栽培的产量，但枣果的品质好，风味好，微量营养元素含量高。

不同砧木培育的冬枣树具有不同的生长特性。经各地试验，无论引种区为何种土壤类型，用当地优良枣苗为砧木嫁接的冬枣树生长发育都是最好的。如在河北沧州、山东滨州等原产地，以金丝小枣苗为砧培育的冬枣树比以酸枣苗为砧培育的树势强、产量高；在石质山区，则以酸枣苗为砧培育的冬枣表现最好；在陕西大荔县，以当地优种"水枣"苗为砧培育的冬枣树生长发育最好。

2. 对温度的适应性　冬枣树为喜温树种，春季萌动的生物学零度为13.5℃，此时树液流动，开始萌发。气温达到16℃以上时，萌芽抽枝，气温达18℃时花芽分化，气温达19℃时开始现蕾，气温达22～23℃时进入盛花期，气温达24～28℃时花粉发芽。低于20℃或高于36℃，发芽率显著降低，生长季节温度不足会影响果实生长发育，气温达25 ～ 27℃时有利于果实生长发育。气温达18 ～ 22℃且昼夜温差大时，有利于果实成熟期的发育及糖分积累和着色。

有研究表明，在果实迅速生长期，昼夜温差在10℃以上，有利于果实内可溶性固形物的积累和枣果成熟。秋季气温降到15℃时，树叶变黄，开始落叶。冬枣虽然原产于温带，在生长期却能耐40℃的高温，休眠期又能耐－30℃的低温。在原产地生长期最高气温达42.8℃时也能开花结果，休眠期－29℃的低温也能安全越冬。

开花坐果期对温度的要求比较严格，气温低或忽高忽低或湿度小，均不利于开花授粉及受精坐果。坐果率随气温和空气湿度的增高而增加，特别是花器授粉后，蜜盘、子房能发育成绿色的圆锥形幼果，需要连续3 ～ 5天平均气温高于24℃的高温天气，相对湿度80%有利坐果，这期间若有时段性的低温或大幅度温湿变化，就会影响子房发育及形成绿色圆锥形幼果，花器就会褪绿变黄而脱落。

冬枣由于具有鲜食的特性，需在枣果半红期采摘贮藏。其年生长期需要160天以上，枣果的生长发育天数需120天左右，生长日期不足的地区，宜进行保护性或半保护性栽培。

　　3. **对地域的适应性**　冬枣树不仅有较强的地质适应能力，而且有一定的地域适应能力，因此是较耐栽培的树种之一。这也是该树种出自较差的环境条件下长期驯化的结果。冬枣出自北方环渤海湾沿海地区及冀东南黑龙港流域的盐碱地带，该区属暖温带大陆性季风气候区，不仅"春旱、夏涝、秋吊、冬冷"，气候条件较差，而且地质条件也很差，土壤类型以滨海盐化潮土为主，在含盐量0.4%以下的盐碱地上都有冬枣树分布。能在这种环境下生存生长，说明其适应能力很强。

从全国各地引种、试种冬枣的情况看，冬枣在我国多数地区（北至辽宁，南至海南，西至新疆）都能较正常地生长。冬枣南移后，由于受温度的制约，在物候期上有较大差异，表现为生长期（根系活动，萌芽，展叶，开花，结果）提前，落叶期错后，年生长周期长，休眠期短。南方极端最高气温比北方低，极端最低气温比北方高。这些气候特征对冬枣的生长发育有利。一般北方冬枣南移种植后果实的个大、色泽、品质都优于原产地。

冬枣北移，受气温的影响较大。主要受到生长期的限制，在辽宁南部地区，冬枣可以正常成熟，而在辽宁中北部及以北则不能正常成熟。所以将冬枣的年生长期界定于160天是有根据的。生长期在160天以上的地区可以引种冬枣，生长期不足160天的地区可以进行冬枣保护性栽培，相差较多的地区则不宜引种。

4. 对湿度的适应性 冬枣较抗旱耐涝，对湿度的适应范围较广。其对湿度的适应性，在不同的发育阶段有不同的需求。

开花坐果期需要较高的空气湿度，相对湿度以75%～85%为宜。空气过于干燥，会影响花粉发芽和花粉管伸长，导致传粉、受精不良，引起落花、落果。当空气相对湿度低于40%时，花粉几乎不发芽，产生"焦花"现象。但如果降水过多对开花坐果也不利。空气湿度过大，会妨碍花粉发芽，特别是盛花期遇中雨，会严重影响授粉和坐果，使开放的枣花腐烂。花期若遇连阴雨，则会使花粉粒吸水涨裂，降低生命力，也影响正常开花、授粉、授精和坐果。

果实发育期也要求较多的土壤水分，若遇干旱会使果实生长受抑制，造成果实体积小，产量降低。冬枣为鲜食品种，在果实发育期需要较多的水分，若7～8月有适量降雨，极有利于果实发育；若降雨少，必须及时灌溉。

果实生长后期9～10月，要求晴朗干燥的天气条件，利于同化产物的吸收和糖分积累。若雨量过多，会影响果实发育成熟，还易引起多种病害及裂果、烂果，影响产量和质量。因此冬枣生长后期较干燥，对枣果的丰产丰收有利。

有研究表明，枣果生长后期，在土壤干旱的情况下，适量灌水可增加土壤湿度，对冬枣发育有利。其作用不同于降水，因为灌水增加的空气湿度要比降水少得多，且其效应是浇根不浇果。实践证明，降雨会造成裂果而浇水则不会造成裂果。土壤湿度影响树体内水分平衡及各部分器官的生长发育，土壤田间持水量在70%左右有利于枣果的生长发育及保持枣果鲜食的特点和品味。但若土壤水分过多，透气不良，就会影响根系的吸收和发育，从而影响枣果品质。

5.对光照的适应性　冬枣树是强喜光树种，对光照的要求严格，光照强度和时间长短对冬枣树的生长发育影响极大。当光照充足时，叶色浓绿，碳素同化作用强，干物质积累多，果实发育好，产量高。否则树势生长衰弱，枣果产量低、品质差。

光照对冬枣树的生长既反映在地上部分如枝叶生长、花芽分化、开花坐果、果实发育，又反映在地下根系的生长。

光照强可减弱顶芽的极性生长，促进侧生长点生长，树态表现密闭。光照不足时，顶芽生长极性强，并抑制侧生长点的生长，使发育枝形细长，分生二次枝少并发育短小。适宜的光照强度可以促进细胞增大和分化，又可以抑制细胞分裂和伸长，有利于促进树体干物质积累和正常生长。

在新叶生长期，日照时数的长短，对树体营养积累影响很大。此期要求每天平均日照8.5小时以上。若光照不足，除减少冬枣的营养积累外，营养生长期也会相应后延，造成冬枣树有效生长期缩短，成熟期时间不足，影响产量和质量。光照强度和花芽的形成和发育有密切关系，从树冠外围形成的花芽的数量和质量都好于树冠内部这一现象可以看出，花芽形成的数量随光照强度的降低而减少。

光照对冬枣结果的影响很大。密植枣园树势弱，枣头二次枝、枣吊生长不良，无效枝多，内膛枯枝多，结果少、产量低、品质差，而边行却结果多、品质好，足见光照对结果的影响。

光照强度与果实发育有密切关系，光照强度差，光照不足时，树势弱化。一般透光率在60%以下的冬枣树，树势明显衰弱，各类枝发育不良，坐果率降低，并影响果实发育，造成落果。影响早期生理落果的直接原因是营养条件差，而间接因素是光照不足。

果实迅速生长期除要求一定的光照强度外，还要求较大的昼夜温差，以利于可溶性固形物的积累。

果实成熟阶段，光照充足对果实着色、提高含糖量和维生素的含量、降低酸度、增进果实品质有促进作用，此期要求平均日照时数在7.5小时以上。

光照强度除直接影响地上部分的生长发育外，也间接影响下部根系生长，光照不足时，对根系生长有明显的抑制作用，使延长生长量减小，新根发生数减少，甚至停止生长。根系尽管是在无光的地下生长，但它的物质来源大部分是地上部分的同化产物，在同化量降低的情况下，首先供应地上部分利用，余量才供应根系，所以根系在营养物质少的情况下，生长发育必然差。

6.对风的适应性　和风可以维持枣林间二氧化氮和氧的正常浓度，有利于光合作用和呼吸作用的进行；微风（3级以下）可以促进空气交换，改变枣林间湿度和温度，调解小环境，促进蒸腾作用。微风还可以改善光照条件和光合作用，增强授粉和结果能力。

干热风对枣树的生长发育与开花授粉不利。它使空气湿度降低，致使大量花蕾焦枯，造成落花、落蕾，降低坐果率。

大风对冬枣树的危害较大，但在不同生长阶段，冬枣树的抗风能力不同。

休眠期抗风能力最强，甚至沙蚀根裸也不影响生长。

幼果期抗风能力较强。

萌芽期及花期抗风能力差。

萌芽期遇大风对萌芽生长不利，由于嫩枝芽较弱，大风可以改变其生长状态，抑制正常生长，甚至将嫩枝折断。

花期抗风能力弱，花期风沙大会引起落花，也会降低枣园内的空气湿度，对授粉不利。

果实成熟期容易遭遇大风灾害，冬枣个大、量重，遇6～8级的大风，由于枝条摇动，果实互相碰撞，不仅会在短时间内大量落果，而且叶片和枣吊会大量脱落。

冬枣的建园栽植应避开风口，在较避风的地方栽植为佳，或营造防护林以防风灾。

第三章　冬枣育苗技术

培育优良的种苗，不仅是保成活、保生长的关键，而且是保品质、保产量的关键，冬枣的育苗主要采取嫁接、扦插、组培等无性繁殖的方法。这几种方法只要择优利用，就可以保持冬枣的优良特性。

嫁接是繁殖冬枣苗木的传统方法，就是将一个植株的枝或芽接到另一个植株上，两者结合成一个新的植株体。接上去的枝芽叫接穗，承接接穗的树体叫砧木，育成的幼苗叫嫁接苗。其特点是能在短期内繁殖出优良品种或优良单株，利于保持冬枣的优良特性。

嫁接的成功与否，取决于砧木及接穗的选择，要求砧、穗双方不仅有亲和能力，而且要具有优良性状及品质。

培育砧木有三种途径：一是培育酸枣苗作砧木；二是利用水枣树的根蘖苗木作砧木；三是利用其他枣树的枝干作砧木高接换头。

一、酸枣砧木苗的培育

（一）种子选择

首先是选择外观上成熟度高、种仁饱满、种皮新鲜有光泽、大小均匀、千粒重高、无霉味、无病虫害的种子，且种子内部的种胚和子叶呈乳白色、不透明，压之有弹性不易破碎。具此类特征的种子多为新鲜种子。

为了测定种子的生命力，应对其作发芽实验。发芽势强、发芽率高的种子育苗成功率高，发芽力低于80%的种子不宜选用，若选用则需对种子作药剂处理，并在播种时加大播量。

(二)种子处理

由于酸枣种子的种皮比较坚硬，直接播种不易发芽或发芽时间很长、发芽不整齐。需在播种前进行种子处理，一般采取冬季沙藏、春季浸种催芽的方法。

1. **冬季沙藏法** 将经选择的种子作去杂处理，方法是将种子在温水中浸泡1天后进行搓洗，除去果肉、皮及杂质后，再将种核浸入温水中2～3天，使枣核充分吸水，捞出后因种量多少，进行沙藏处理。

当种子量少时可采取器装处理，即将种子浸入4～5倍的湿沙中，沙的湿度以手握成团不滴水为度。先在所用的器皿（木箱或瓦盆）中底铺一层湿沙，然后将拌入湿沙的种子放入容器中，上面再用一层湿沙盖好，放入适宜的室内、窖中或埋入背阴处，防止水分蒸发。

当种子量多时，可以采取挖沙藏坑、层积沙藏法。即选择地势高、排水良好的背阴处挖坑，深50～80厘米，宽50～60厘米，长度视种核多少而定。先在坑底铺一层约10厘米厚的湿沙，然后分层铺放枣核和湿沙，枣核层的厚度以3厘米左右为宜，直至距离地面10～20厘米处，上面覆沙，用草苫盖顶，使坑内保持3～10℃的温度。沙藏过程中，在沟中每隔1米竖立1根秸秆草把直至沟底，以利空气流通，在沙藏中期可从每个草把中抽出1～2根秸秆，更便于种子通气。

翌春土壤冻层化冻，温度回升时，要检查种子萌动情况。当有30%的种子露白即可选择播种。若将种子全部取出播种，势必发芽不整齐。最好的方法是将已露白的种子捡出播种，未露白的种子从坑中取出后，在向阳处催芽，并在催芽过程中随干随喷水，保持一定湿度，后随露白随捡出播种，可使播种的种子发芽整齐一致，便于苗木培育。

2. **春季浸种催芽法** 如春季备种来不及冬季沙藏处理，也可在春季采取浸种催芽处理的方法。即对种子精选后，用热水

（60℃左右）浸种，自然冷却24小时捞出后，再用0.3%～0.5%的高锰酸钾溶液浸泡1小时，以消灭附着种子表面的病菌。然后在25℃左右的室内将种子摊开，厚度不超过10厘米，上面用湿麻袋片盖好进行催芽，若具备种植蔬菜的温室大棚，将种子放入大棚中催芽更佳，并保持湿度，对露白的种子随时捡出播种。

（三）整地播种

关中东部播种的适宜时机在4月上中旬，即20厘米地温达20℃左右时，采取地膜覆盖育苗的可提前到3月下旬。提早播种，可以早出苗、早生长。

播种前的整地很关键，一般宜秋季整地，春季再复整后播种。为了保障枣苗的快速生长，宜选择较肥沃的沙壤土作苗床。在整地前每亩施入优质有机肥1.5～2吨＋40%田生金果树复合肥40千克＋花果多土壤调理剂25千克＋诺邦地龙生物有机肥40千克＋持力硼500克作底肥，墒情不足时应先浇地造墒后再耕作整地。播前复整时，每亩撒施特丁硫磷或毒死蜱颗粒剂3～5千克，防治地下害虫。

播种方式多采用条播。由于酸枣的实生苗多二次枝和针刺，单株占地面积较大，为了便于田间管理和嫁接，宜采取双行密播，双行间距70～80厘米，行内距30厘米，株距20厘米，并根据发芽率决定播种量。由于枣核出芽后顶土力较弱，宜采用开沟播种，沟深3～5厘米，沟内穴种点播，每穴2～3粒，覆土1～1.5厘米，播种后适度镇压（图3-1）。为了保证墒情，防止芽干，可采取盖地膜的方法。幼苗出土后，再用刀将其顶部的地膜剥开，并在划破处用细土将地膜压好，或在播种行间起垄，垄高10～15厘米，于播后3～5天查看，当有30%～50%种子出芽后，将其土垄扒开，俗称"放风"。

幼苗出土后要及时进行管理。苗高5厘米时间苗。苗高15厘米左右浇第一次水，并追施苗肥，每亩用高氮三元复合肥（28－6－6）15千克。苗高30厘米时进行摘心，控制高度促进分枝及加粗生长，并注意防治苗期病虫害，当年或来年春季即可嫁接。

图3-1　种植酸枣苗

二、其他枣砧木苗的培育

其他枣的砧木苗的培育，多由根蘖苗繁殖。在枣区根蘖苗来源充足，取材简单、方便，可以就地取苗、就地繁殖。但以根蘖苗直接嫁接冬枣接穗，就地培育冬枣苗不妥，因为枣的根蘖苗与母树根相连，养分多由母树供给，虽然一部分自生根系也能吸收部分土壤水分和养分，但不足以自养；且根蘖苗断根起苗后往往将较大的连母根（拐子根）截断，造成苗木伤口太重，加之枣树须根含水量低，栽植后吸收性能差成活率低，从而造成嫁接苗失败。故根蘖苗应先行归圃二次培育，归圃培育的枣苗，已经形成较完整的自生根系，是较理想的嫁接砧木苗。

根蘖苗也须采取开沟断根培育的方法。枣林间自然生长的根蘖苗并不太多，且零星分布。若大批嫁接冬枣，则需对母树进行断根。方法是在枣树的休眠后期（3月下旬至4月上旬）选择健壮且品质优良的枣树，在冠幅投影区一侧挖50厘米深、30厘米宽的沟，切断直径大于2厘米的侧根，并用快刀削平断根伤口，将切口与沟壁齐平。大根勿动，以免影响母树的树势。在沟内施入优质有机肥，与回填的湿土混匀，封沟后留出15厘米深的浅沟，对开沟浇水促进根芽萌发，即可萌生大量的根蘖苗，有的苗高当年可达0.6～1米。翌年早春即可起出归圃二次培育。

春季采取开沟栽苗，方法为：开沟深25厘米、宽20厘米，沟间距50～60厘米，将起出的根蘖苗顺沟埋植，株距25～30厘米。栽后及时浇水经常保持圃地湿润。采取栽后平茬或对根蘖苗平茬后再栽植的方法效果更好。栽后平茬法是在离地5厘米处将上部苗干剪掉。栽前平茬法是将成捆的根蘖苗用铡刀距根际3厘米处将上部铡掉，此方法较快捷。平茬苗待基部萌芽后选一个健壮的芽留下培育，其他的抹去，能促进早发快长，且苗干通直。

在培育根蘖苗作砧木时，选择适宜的枣品种是关键。据研究，在环渤海湾冬枣的主产区，用金丝小枣、酸枣、婆枣、铃枣苗作砧嫁接的冬枣，不仅在成活率上有差别，而且在枣果的品质上也有较大差别。

三、高枝砧及接穗的选择

为了提高冬枣的品质及价值，加快冬枣的丰产，采取大树高接换头的方法，将其改造成冬枣树，是一种行之有效的方法。高接换头，高枝砧的选择很关键，一般应选择直径小于3厘米的侧枝作砧木较为理想。砧木太粗，不易愈合成活，且成活后的新枝在结果期遇大风易折断。同时高接换头的枣树树龄不宜太大，一般以中、幼龄树换头的效果好，能在很短的时间内恢复树势形成结果枝组，产量恢复得较快。

（一）接穗的选择和采集

同是一株冬枣树，选择不同的接穗，培育出的枣果的大小、品味、颜色等外部特征及内部品质上会有较大差别。为了保证冬枣的质量，应对采穗的母树进行选择，若条件允许，可以将优良的母树集中种植在一起形成采穗园，可以大大地提高所繁殖冬枣树的纯度和质量。若达不到这个标准，则可将园中冬枣树的优株用漆作标记，采接穗时直接在其上采集。采集接穗应按季节搞好采后处理。若春季嫁接，可结合冬、春季的修剪，将优株上剪下来的枣头及二次枝收集起来，经过整理后作接穗使用。采集接穗的时间以枣树萌芽前15天左右为佳，此时接穗的水分和养分含量高，嫁接成活率也高。接穗的粗度宜在0.6厘米左右，剪截时枣头保留1个芽，二次枝保留2个枣股，在上部芽的上方0.4厘米处剪断，剪口要平滑整齐。

（二）接穗的贮藏和处理

剪好的接穗按粗细分级存放。若短期保存，可将其用3倍湿沙混合，放入0℃的冷库中，保持90%的相对湿度，待适期时即可嫁接。嫁接时用很薄的塑膜将接口及接穗缠好，防蒸腾失水，接穗萌芽时会自动将塑膜顶破，不影响幼芽生长。

对接穗若作较长时间的存放，宜采取蜡封的方法。蜡封接穗可使其保持水分，芽不干枯、不回缩，且嫁接作业时方便，不需要对砧木和接穗作保护性处理（封台、包扎等工序）。

蜡封的原材料主要为工业石蜡、松节油及猪油，比例为每万枝接穗使用石蜡2.5千克、猪油200克左右、松节油少许。方法是将石蜡切碎放入铁制容器中，加适量水后加热，加入适量猪油及松节油。当温度上升到100℃时开始封蜡作业，以水浴加热的方法较好，能够保证溶解的石蜡不超过100℃，随即将接穗两端分别蘸蜡。若接穗较多时，可将接穗放入铁笊篱中在蜡液中速蘸，时间不超过1秒钟，使整个接穗都被薄薄的一层石蜡所封闭。

对处理好的接穗，若短时间内不嫁接，可以储存起来。方法是将接穗分别装入小塑料袋内，再将小塑料袋装入大袋内放于地窖或冷库内。

若夏季嫁接，可对接穗采取随采随接的方法。

四、冬枣的嫁接方法

冬枣的嫁接方法分为枝接和芽接两大类。每一类中又分几个方法。枝接方式中有劈接、插皮接、腹接、切接等方法。芽接方式中有带木质部T形口芽接、带木质部嵌芽接、嫩枝芽接、贴芽接等。具体运用应根据生长季节及苗木形态合理确定。如在冬枣发芽前15～20天砧木苗处于休眠状态末期，还未离皮的时节，宜采取劈接、切接或腹接；在冬枣发芽后的20～30天，砧木离皮，开始展叶期，最适宜插皮接；在7～8月的夏季冬枣树枝芽的速生期，宜采取芽接和插皮接。现将主要嫁接方法作以下介绍：

（一）插皮接

插皮接是应用最普遍的一种嫁接方法，适于茎较粗的砧木及大树的高接换头。冬枣树的皮较薄，所以小砧木不宜插皮接。具体方法是：在已备好的接穗下端主芽背面下侧方，削一个长3厘米的大切面，下部薄些，再于主芽下方顶端削一个马蹄形的小切面。选择砧木皮层光滑的部位，于离地面6厘米左右剪断或锯上下部枝干。削平截口，在迎风面用刀尖将接口的皮层纵切一个裂

图3-2 插皮接

缝，长1厘米左右，将插穗大切面向里，小切面向外慢慢插入皮层内，接穗的削面不要全部插入接口内，应露出0.2厘米左右，使之愈合牢固，后用较宽的塑料条将伤口包严，并捆紧接穗。近地面接口处可培土保湿。当幼芽长到15厘米左右时，可小心切断捆绑的塑料条（图3-2）。

（二）劈接

劈接也是枝接的一种方法，也称大接，时间可早于插皮接，于砧木未离皮时进行。在砧木离皮时也可进行，适接期较长。方

法是选择直径1.5厘米以上的砧木苗（过细砧木成功率低），从距地面5厘米左右处截断，削平截口，然后从断面中间向下竖劈3～4厘米长的接口。

于接穗下部左右各削一刀，刀口长3～4厘米，呈楔形。如接穗比砧木细，切面的内侧可略薄于外侧，主芽在薄侧。用刀撬开砧木接口，将削好的接穗插入砧木的劈口内，对准形成层。接穗削面顶部可露出0.2厘米左右（露白），不要将接穗全部插入，以利于伤口的愈合。如果全部插入，若伤口形成层不能对齐，则会影响嫁接成活率，同时成活后接口处易形成疙瘩，愈合不好。如砧木较粗，可同时在两侧插入两个接穗。

劈接接口结合的好坏与接穗切削的角度有关。如果角度过大，切口过短，会形成削面下端登空；若角度过小，切削面过长，则形成削面下部夹紧而上部登空。故要求削面上下部都能与砧木紧密结合，双方形成层接触面大。接后用塑料条将接口绑紧，并培湿润的沙土保湿。

（三）带木质部T形芽接

基于冬枣芽的生长特性，适于采取此方法。因为主芽正好在二次枝的下方，取芽方便，削芽时带木质部，不会把芽的生长点丢掉。此方法虽然在营养生长期内均能进行，但若嫁接过早，芽子不充实；嫁接过晚，树液流动减缓或停止，不利于剥皮，接后愈合较差，成活率低且接芽当年不萌发。北方冬枣主产区以每年6～7月为佳。此方法适合于较细的砧木。

具体方法为：在砧木距地面6厘米左右，选平滑之处用刀切一T形切口，深达木质部，横切口要适当超过接芽的宽度，纵切口短于接芽长度。

接穗要选择当年生发育枝上的半木质化正芽，先在芽的正上方1厘米处横切一刀，深度为1.8毫米左右，长度为砧木直径的1/3左右。再从芽下方1.5厘米左右向上斜削过横切口，削成上平下尖、略带木质部的盾形芽片，用芽接刀将T形口两边撬开，将盾形芽片迅速插入。使芽的上切口和T形口上部紧密结合，砧木的纵切口自然会裂至合适的长度。用塑料条自下而上缠紧，叶柄和芽要露在外边。接后10天检查，如叶柄仍保持绿色，且一碰即落，说明嫁接已成活。接活后15天解除绑条，接活后20天可于接口上方10厘米处剪断接芽上部砧木，促进接芽生长。若秋季嫁接则要明春再剪掉。并注意嫁接苗的及时除萌，保证正常生长。

（四）大枣树的高接换头

高接换头一般在嫁接成功的情况下，两年就可以生长发育成为新树冠，第三年就可以恢复结果能力（图3-3）。

图3-3　高接换头

嫁接应根据时期早晚采取不同的方法：在春季砧木尚未离皮，形成层及其他分生组织尚未活动前，可进行劈接；砧木离皮后，可进行插皮接。

第四章　冬枣栽植技术

一、冬枣的适栽时期

冬枣具有耐季节栽培的特性，春、秋两季均可栽植，秋季栽植宜早，春季栽植晚。

（一）秋季栽植的适宜时期

在北方冬枣的主产区以9月下旬实行带叶栽植为佳。此期为枣果下树初期，温湿条件对苗木的扎根生长有益，土壤较湿润，气温逐渐下降，冬枣苗叶片开始发黄，体内的养分开始向根部回流，苗干和苗根的养分含量和水分含量最高。栽植后较高的地温及较湿润的土壤，利于冬前根系发育。一般在冬前可形成一定的根系或根萌，恢复部分吸水功能，对成活和生长极为有利。一般秋季栽植的冬枣树先生根后发芽，而春季栽植的冬枣树先发芽后生根，或发芽生根同步。在有效生长时间上，秋季栽植冬枣树比春季的生长期提早1个月。

秋季栽植不宜晚，栽植稍晚就不如晚春栽植的成活率高，主要原因是苗木根系得不到有效发育，且苗干在将近半年的时间内失水多。北方的气候特点是冬季寒冷干燥，大风多，土壤温度低于枣树根系生长活动的界限，由于根系无吸水功能，难以补充地上部分所散失的水分，故成活率低。

秋栽入冬时将幼树拉倒埋入土中，开春发芽时放出，可防抽干，提高成活。

（二）春季栽植的适宜时期

春季栽植冬枣的适宜时期应在枣芽萌动时，一般在发芽前10

天为佳（图4-1）。北方冬枣主产区以4月上旬为佳。此时枣苗或根系栽植层的地温开始稳定通过10℃以上，有利于埋入土中的根系再生，使苗木栽植后就有最佳的生根条件，并缩短根系生长等待最佳条件的时间，可以减轻过早栽植所造成的苗木失水、抽干等问题。若栽植过早，在土壤化冻后即栽植，其与冬枣树的生长发育不同步。早春的地温低，盐渍土壤地温更低，且温度上升慢，不利于根系发育。苗木栽植后等待发芽适宜温度的时间过长，会造成苗木地上部失水过多，成活率低。

图4-1 春季栽植

栽植期过晚也不利于冬枣苗成活，如在发芽期栽植，此时树液流动加快，加之气温升高，天气干旱，大风增多，苗木失水加快，容易出现回芽抽干现象。

春栽后，树体为光杆，缠上塑膜能防水分蒸发，发芽后去掉，防高温烧芽。

二、冬枣的适宜栽植密度

冬枣的栽植密度因不同的栽培形式而异。冬枣丰产栽培应科学利用自然资源，尽早取得较高的经济收益。

（一）密植冬枣园的栽植密度

研究表明，当枣园覆盖率达到70%～80%，叶面积系数达到4～5时，才能实现果品的优质丰产。因此，栽植密度越大，达到上述标准的时间越短。密植园能充分发挥前期群体优势，叶面积发展快，同化功能强，营养物质积累多，只需4～5年就能达到上述指标，且营养生长向生殖生长转化快，能够提前进入结果盛期，并缩短丰产年限（图4-2）。

图4-2　冬枣密植

密植果园若栽植过密，如株行距1米×2米或2米×2米。虽然能够较快地进入盛果期，前期产量高，但由于不能及时调整内部的光照状况，会较早地衰退，产量下降得也很快。若采取较小

的密度，又会影响前期产量。较合理的形式为建成将留存株与临时株相配合的计划密植型。具体形式为：

栽植密度可采取株行距2米×2米或1.5米×2米或1米×2米，并隔株或隔行确定临时株。按照不同的管理方法对两种株型进行管理。对留存株按正常的剪修方法进行树形培养，前3～5年内以培养树形为主，结果为辅。对临时株采取各种技术措施抑制营养生长，促进生殖生长，迫使幼树提前结果。针对生长态势，适时进行间移或间伐临时株。将枣园改造为2米×3米或3米×4米的小冠形冬枣园。

（二）间作冬枣园的栽植密度

在北方冬枣的主产区，冬枣树与其他枣树一样，也是适宜间作的树种。枣农间作是促进果农双收的好形式，具有植物立体种植，年生长周期长，充分利用空间和自然资源的特点。间作的植物根系交错吸收，对土壤肥力的利用率高，对农作物的耕作、施肥和灌溉的同时，可以改善枣树的生长条件，对冬枣树有以耕代抚的作用，从而形成互利共生、良性循环的生态小环境。冬枣树可以与花生、甘薯、萝卜、白菜等作物间作，效果都好于冬枣树的纯枣园。间作地冬枣的栽植形式以满足冬枣树的生长发育为度。枣树的价值高，种植间作物主要是为了有利于冬枣的生长及结果，因此冬枣属于主产品，而间作物只是对冬枣的生长起辅助作用的副产品，在种植布局上，应以枣树的生长发育为主，并为冬枣树的生长留出一定宽度的营养带。

枣树主产区有"不怕行里密，就怕密了行"的说法，主要是从枣树对光照生态的适应性而言。冬枣树是喜光树种，其成树后，密度以株间轻度相连、行间留有空隙的带状分布为佳，故其株行距应是3米×（2～4）米。在生长期不仅要以修剪定冠形，使之行间不相连（不能"密了行"），更要以修剪定树高（3米树高，约1米干高），以提高间作地的总体效益。

（三）冬枣树的栽植行向

无论任何栽植形式的冬枣园，均以南北行向为佳，能使每行树都能接受较长时间的直射光照。通风透光好，适宜冬枣树生长发育，对枣农间作地而言，采取南北行向，树冠两侧的农作物接受光照的时间较东西行向长，且采光较均匀，有利生长。

三、冬枣起苗与定植

（一）起苗时机

提高冬枣树的栽植成活率，苗木是关键，最好的方法是用栽植地附近的苗木，就地起苗，就地栽植。起苗时机应与栽植时机配套，做到苗起出后栽植不过当日。为了使幼苗多带须根，提高成活率，对干燥的苗圃地应提前浇水造墒，时间上沙壤土以提前3天为宜，中壤土以提前5～7天为宜。在潮湿的苗圃地起苗作业也方便省力。

为了防止根系过多地裸露失水，不宜在大风或烈日下起苗作业，若必须等苗起用，也必须将起出的苗随起随作保护性运输，当天不使用的在圃中用湿土临时假植。

枣苗的细根非常关键，苗木栽植后主要靠细根恢复吸水功能和再生根系。但冬枣苗根系含水量低，细根最容易失水。据报道，直径2毫米以下的细根刨出后，裸露在空气中20分钟便会干枯死亡，基本上是见风就干。其原因是，根系是吸水的器官，不具备防止水分蒸腾的结构，暴露在空气中的根系以比枝叶更快的速度失水。

（二）起苗方法

冬枣苗的起刨宜采取人工与机械相结合的方式。

1. 人工起苗　为了方便人工起苗作业，并减少苗木的水分蒸腾，起苗前应将侧枝短截。枣苗的根系多集中分布在30厘米土层以上，人工用铁锨在苗行两侧先垂直下锨30厘米，切断两侧外围根系，再从一端开始，挖深35厘米将苗木由下而上起出。此方法不仅速度快且伤根少，可防止起苗时又上而下下锨将苗木的多量根系铲断。

2.机械起苗　即将深耕犁定于枣苗根系集中的分布层以下，一般35厘米深，作业时用底犁平端，将苗木起出。此方法起苗作业比用人工起苗效果好，底根带得多而且侧根伤的少，有利于栽植后的成活。

（三）苗木处理

无论采取哪种方式起苗，均应保持较多的细根，以根幅不小于30厘米为限，并将劈裂根剪除。

苗木起出后若需外运，须对苗木作保护性处理：一是苗根蘸泥浆，用泥浆保护根系，减少失水量；二是用塑料袋包捆苗下部，将苗根一端放入其中后将上口绑扎好；三是在运输车上用湿麻袋或草袋进行包根保湿，并在装载苗木的车厢上用苫布遮盖，使苗木整体不外露。裸露运输的苗木失水更多，其失水量不只是以时间计算，也以速度计算。车速愈快，失水量愈大。

长途运输的苗木到达目的地后，不应马上栽植，应立即拆包浸泡，放入水沟中浸水36小时后再进行栽植。

栽植前用ABT生根粉或萘乙酸浸泡苗根，对促进根系快速发育有明显效果，方法是配制成50毫克/千克的溶液，浸泡40分钟后栽植。

（四）苗木栽植

为了给栽植苗创造良好的土壤条件，使根系不仅活动空间大，而且水分和营养供给充足，从而促进根系发育，提高成活率及生长量，应坚持在精细整地的基础上挖大穴，施基肥栽植。特别是盐碱瘠薄地，土壤条件本来就不好，若挖大栽植穴，可改变局部土壤的理化性质，使之变得疏松温暖，更有利于苗木成活和生长。

　　栽植穴一般要求达到80厘米见方，并底施优质有机肥。集约度高的枣园还可以挖丰产沟，沟宽60厘米，深80厘米。不论挖穴还是挖沟，都应将表层（耕作层）肥沃的土壤与心土分别放好，栽苗时用表土回填。

　　冬枣苗根深一般30厘米左右，若对栽植穴不作填土处理，穴与沟的深度可以埋起2/3的苗干。故栽植时不能将苗直接放入底部，而是用有机肥混土后填于坑底，一般80厘米深的坑或沟，需填土一半左右，再防苗栽植。坑（沟）深、活土层厚有利于根系发育，成活后生长苗壮。对于土质差的立地，还应实行客土培植。

　　栽植埋土一半时，应将苗上提一下使根系舒展，边埋边踩实，使根系与土壤密接。埋土不宜过深或过浅，过深土壤通气性差，会影响根系呼吸；过浅根系外露易失水干化（落干）。以埋土踩实后，与苗木原土痕持平为度，多余的土作树盘或沟埝。

　　经实践，苗木栽植后采取浇水塌实法效果较好。其可使苗根舒展，土壤结构不被破坏，根系随水自然下榻不伤根系，且水浇得透，根底部受水多，可以避免在踏实过程中抻断细根或将埋土踏得过实，影响水下渗，使苗木栽后浇水不透。

　　盐碱地还可以实行深栽浅埋躲盐巧种的方法。根据盐随水走、水去盐存及盐碱易集聚于高处的特点，将栽植坑挖深达1米以下，躲过表土盐层，栽后使苗木根系处于土壤含盐量较低的心土层。同时栽苗后使培植土低于地表20厘米左右，成树后再逐年填平。苗期浇水或降水后，盐随水走，地高处蒸发量大容易聚盐，可将盐碱迫于栽植穴以上，从而减轻盐碱危害。

　　盐碱地春季地温回升慢，属于阴湿的冷土，若栽植后采取树盘覆盖地膜的方法，效果很好。方法是在苗径周围用1米^{2}左右的地膜覆盖树盘，将膜中间剪开一个小口，先套在苗干上，植苗后覆于表层，并用土将周边压实。这样可以增加地温，并减少蒸腾，减轻盐碱危害，从而提高成活率。

第五章　冬枣栽培管理周期

　　冬枣的栽培管理尤为重要。俗话说"三分种植，七分管理"，管理不仅出产量，而且增效益。冬枣树的管理措施可以总结为三句话：上部搭好架子，下部促进根系，生长期治住病虫。

　　笔者所写冬枣管理周期是按冬枣生育阶段所做的配套管理措施，适用于各种栽培模式，为读者在生产实践中提供参考。

一、萌芽期

（一）萌芽前追肥

　　在冬枣萌芽前追肥，目的是保证萌芽时期所需养分，促进枣头、二次枝、枣吊、叶片生长和花芽形成（图5-1）。据调查，萌芽

图5-1　萌芽期

前追肥与不追肥的枣树比较，枣吊长度前者较后者平均多3～4节，形成花蕾也好于后者。可每亩追施40%硝硫基复合肥（15－5－20）或45%龙腾硫酸钾型复合肥（15－15－15）50～60千克+诺邦地龙生物有机肥40～60千克+56%花果多土壤调理剂25～50千克+沃益多（A+B）一组（图5-2）。视土壤墒情可浇一次水。

图5-2　使用沃益多的过程

（二）病虫害防治

春季清园巧，全年病虫少。芽前冬枣清园能有效地降低病虫害发生，减轻和推迟病虫害发生程度和发生时间，减少劳力和投资，达到事半功倍的效果。

1. 刮除枝干老粗翘皮　树干上的老粗皮、翘皮、裂缝和剪口是山楂叶螨（红蜘蛛）、食心虫、介壳虫的越冬藏匿场所，因而刮除老粗皮、翘皮可消灭大部分越冬的害虫，有减少其侵染源的效果。此时因树体尚处于休眠期，缺乏抗病能力，病组织扩展很快，因此刮治枝干病虫害须在芽前进行，而且无严冬刮树皮受冻害之虑。

刮治技术要领：一是刮皮轻重以掌握"露红不露白"为度。小树、弱树宜轻，刮去枯死粗皮即可；大树和旺树稍重，刮至皮层微露黄绿色为宜。二是要刮得均匀，光滑不留毛茬，操作仔细、认真、周到、彻底，不留死角。三是刮前在树干周围铺上塑料膜或编织袋，收集烧毁。

2.合理使用药剂　①一般性病虫发生的冬枣园，在发芽前用5波美度石硫合剂或29%石硫合剂水剂80～100倍稀释液喷雾。②以介壳虫为主要防治对象的枣园，喷4.5%高氯乳油加45%马拉硫磷乳油600～800倍液防治。③冬枣园绿盲蝽卵量极大，萌芽前后喷90%灭多威可溶粉剂1 000倍液或毒死蜱乳油800倍液或40%丙溴磷乳油1 000倍液+2.5%的高氯水乳剂800倍液，杀卵效果显著。再加21%过氧乙酸水剂300倍液可杀菌防病。

（三）涂干

氨基酸春季涂干有三大好处：一是涂后树体吸收后，不需经过光合作用即可输送到所需部位供发芽、枝叶生长和开花坐果之用，对促进复壮生长确有立竿见影的效果。二是春季涂干对防治小叶病、黄叶病、缺素症等多种生理性病害有明显效果。研究表明，氨基酸为微肥最好的螯合素，经其螯合后多种微量元素利用率提高达6倍左右。三是可有效提高树体的抗寒性。用氨基酸液肥涂干后，树体细胞质、浓度增加，生长亦强，抗寒能力增强。实践证明，4月初遇严重晚霜冻害，而涂用氨基酸液肥的，其嫩枝、幼芽受害均明显减轻。

氨基酸涂干的技术要求：

1.时间　一般在春季树液流动后开始，应视气候状况而定，一般涂3～5次。

2.浓度和产品选择　早春温度低，涂干浓度可适当高些，好的产品一般以3倍液为宜。并注意幼树比老树低些。特别是注意防止涂干液肥"越黑、越稠越好"的误导，避免用伪劣产品造成损失。

3.药肥涂干问题　试验证明，在氨基酸液肥涂干时加用内吸性杀虫剂，如吡虫啉可防治蚜虫、绿盲蝽；乙酰甲胺磷除可防治椿象外，还可防治红蜘蛛；而与500倍40%杀扑磷乳油或48%毒死蜱乳油混用，直接用硬刷涂干时，对防治介壳虫能收到比较理想的效果。

二、花蕾期

(一)开花前追肥

枣树显蕾、花芽分化、开花、坐果几个时期重叠,花期长,需要养分多且较集中(图5-3)。如此期养分不足,将影响花芽质量和坐果率,直接影响果实的产量和质量。因此,花前追肥非常重要。此次追肥要以磷肥为主,钾肥次之,辅以适量氮肥。每亩可追施美嘉辛二铵50千克+聚离子生态钾25千克或硝硫基高钾复合肥(15 – 5 – 20)40 ~ 60千克+诺邦地龙生物有机肥40 ~ 80千克+持力硼500克。

图5-3 花蕾期

有条件的地方根据墒情可浇一遍水。冬枣花期最适温度22 ~ 23℃,相对湿度80%。

(二)枣头管理和枣吊摘心

5月20日至6月10日是冬枣开花坐果期、要严格控制旺长,达到一叶不长,集中供养,把营养供给花果。①疏除过密枣吊和木质化枣吊,一般1个枣股留2 ~ 3个枣吊。②对主枝上预留的更新枝,留5 ~ 7节掐头摘边心控制生长,拿枝软化,拉到有空处。③枣吊摘心,对25 ~ 30厘米长的枣吊掐尖摘心,坐果率比不摘心高10倍,而且叶大、色绿、蕾壮、花多,结果集中,幼果发育快,是一项非常值得推广的技术。

（三）适时适度环剥

环剥环割前要三看。一看天气。环剥前3天不能遇雨，如果天气预报3～5天内日平均气温达到25～26℃就可环剥、环割。二看树势。过旺的树（叶色深绿，叶平展不卷）宜在初花期环剥，中庸树盛花期环剥，弱树盛花期后环剥。弱树和小树环割（一次环割两道，两道间留一活枝，坚绝不能环割三道，间距不小于7厘米）。三看花龄。大多数枣吊每吊开花8朵即一聚伞状花序1朵，且花变黄，蜜多时最佳。

1. 环剥部位　环剥（割）部位主干上不如主枝上效果好，树的下半部剥不如在上半部剥效果好（图5-4）。对于高接换头的冬枣树环剥部位宜在主枝上进行（图5-5）。

图5-4　上半部环剥

图5-5　主枝环剥

提倡留辅养枝环剥传统的环剥环割对树势削弱太大，导致果实黑斑病提前和大量发生，甚至造成死树。而留辅养枝环剥，不仅在环剥期内依然保持树体健壮、叶色浓绿，而且稳产性、果实质量和效益都得到提高。留辅养枝环剥，坐果率提高18%～50%主干环剥时留一弱枝作辅养枝，主枝环剥的可留1～2个小的二次枝进行，培养新

生枣头的更新主枝时，在新生枣头着生部位以外进行，达到更新与结果两不误。

2. **环剥宽度和甲口保留的时间** 环剥宽度一般控制在1厘米。开甲宽度不是坐果的主要指标因素，主要因素是看甲口愈合期的长短。从环剥开甲到甲口愈合需要30～35天，低于这个天数往往会引起落果。剥后1周内愈合，需在剥口内二次造伤（图5-6）。甲口愈合期超过65天，当年难以愈合。

3. **环剥操作技术** 刮去环剥部位的枝干粗皮后进行环剥，做到切口宽窄一致，平整光滑。

4. **甲口保护** ①剥后1～2天不要用手触摸新开的甲口，更不能抹掉甲口上的树液。②剥后2天，待甲口晾干后，一是用菊酯类杀虫药或吡虫啉等喷涂甲口防甲口虫（图5-7），二是在剥口下涂抹有机磷农药防蚂蚁上树，三是用报纸封闭保护甲口。粘报纸

图5-6　甲口二次愈合　　　　　　图5-7　甲口施药

时最好用化学胶水。③若甲口愈合速度较慢，可用赤霉素土封住，并用塑料包扎，促其愈合以防发霉（图5-8、图5-9）。

图5-8　伤口未愈合发霉　　　　　图5-9　伤口包扎

（四）化学坐果保果

旺树先剥后喷坐果剂，幼树、弱树先喷后割。

坐果剂选择：①赤霉素。喷85%赤霉素有促进枣树花粉萌发和刺激子房膨大作用。一般年份花期仅使用1～2次即可。使用赤霉素次数多，开始坐果多，但是幼果期脱落也较多。幼果发育到黄豆粒大小时，使用赤霉素会促进枣吊二次生长，加速幼果脱落。②硼。硼被誉为"生殖元素"，有促进花粉管萌发作用，对坐果有利。推荐配方：花期喷施10～15毫克/千克赤霉素（每包1克加水45千克即三喷雾器水）＋翠康金朋液2 000倍混合液1～2次，还可喷翠康花果灵1 000倍液，可明显提高枣树坐果率（图5-10）。

图5-10　化学坐果保果

三、幼果及果实发育期

（一）保果

天然芸薹素：为世界公认的第六代新型激素，可调节植物体内各内源激素平衡，具有保花坐果、促果膨大，增加果面光洁度等多重功效。剥后7天，当幼果有绿豆粒大小时是坐果、保果的关键时期，枣吊进行第二次生长，出现枣吊生长与幼果发育争夺营养问题。一是喷一次0.1%芸薹素内酯3 000倍液+翠康花果灵1 000倍液促果保果。二是对剥后仍偏旺的树，剥后7天在主枝部位进行或窄环剥（剥口宽度0.5厘米），或间隔7～10天连割数次。三是疏果，每枣吊留果2～4个（图5-11），甲口愈合不良的可涂抹赤霉素泥包扎处理。

图5-11　花果期

（二）施肥

幼果期（图5-12）每亩追施40%（15 - 5 - 20）硝硫基高钾复合肥40千克+聚离子生态钾40千克，喷翠康钙宝1 500～2 000倍

图5-12　幼果期

液＋众望所归1 000倍液。果实膨大期（图5-13）是冬枣树全年中需肥的主要时期，养分不足导致落果且果实品质下降。此期追肥应以钾肥为主，磷肥次之，氮肥适当补充。如比奥齐姆（8－16－40＋TE）（图5-14）每亩5～7.5千克、40%硝硫基高钾复合肥（15－

图5-13　果实膨大期

图5-14　比奥齐姆

5－20）每亩40～60千克。对树势衰弱的冬枣园，可增加施用量到80千克复合肥，提高树体抗逆能力，尽快恢复树势，促使果实二次生长。结果树每株追施1.5～2千克，未结果树每株追施0.2～0.5千克。施肥方法可采用多穴撒施法或放射沟施法，一般深度为20～40厘米。

　　根外追肥，又叫叶面喷肥。根外追肥具有针对性强、用肥量少、吸收速度快、发挥作用早（施用后1～2小时内即可吸收，3天即可发挥肥效）、不受土壤环境因素的影响、养分利用率高等特点。尤其在土壤环境条件不好、枣树缺素急需补充时，使用效果最佳。一般在坐果以前的营养生长阶段，以喷施氮肥为主，坐果以后以喷施磷肥和钾肥为主，在整个生育期内可适当喷施微肥，以补充微量元素的不足，保证冬枣树在整个生长期养分不间断的供应。但根外施肥由于肥量低，只能作基肥和追肥的补充施肥，不能代替土壤施肥。

　　生产上常用的叶面肥料有多酶金尿素、磷酸二氢钾、过磷酸钙、硫酸钾、硼砂、硫酸锌、钼酸铵、稀土、翠康生力液、众望所归（水溶硅肥）等。使用双元素或多元素混喷时，应配合适当，混合后必须无不良反应或不降低肥效，并注意溶液的浓度和酸碱度，一般pH在6～7时有利于叶面吸收。

　　此期土壤管理的主要措施有中耕除草、地面覆盖及枣园夏季生草等。做好灌溉、排涝和土壤管理工作。枣树的膨大期也是比较敏感的时期，它一般要求空气相对湿度在60%～80%，土壤持水量70%为最好，如果是低于60%就应该及时灌水。

　　枣园排涝是雨季管理的一项重要内容，雨前挖通沟渠，园内挖好鱼刺沟，大雨随降随排，雨停水净，确保园内无积水。雨季还要做好土壤管理工作，降雨之后及时中耕除草，疏松土壤，防止发生草荒。此外，降雨期间，树体摇摆剧烈，根颈部位有较大空隙的，要及时扶正，树干下部进行培土、踩实。

修剪整形。在枣进入膨大期以后，应对枣树进行拉枝整形，一般情况下树形以开心形或纺锤形为主，枝条采用轴形的排列或螺旋形的排列。基本上一棵树分为2～3层，6～8个主枝组成，最下面的枝条距地面应高于80厘米，枝条的开张角度以80°～90°为宜。

吊枝和撑枝枣树进入盛果期后，常常出现骨干枝被果实压弯的现象，有时会压断树枝，不利于维持树势和结果。需要采用吊枝或撑枝加以保护。吊枝是用绳子把主枝吊起，固定在主干或在树中心立起的支柱上。撑枝是用木棍等物逐一把主枝支撑固定。吊枝和撑枝时期宜在果实膨大期主枝开始下垂前进行。此时最易选择吊枝、撑枝的重心部位。吊枝、撑枝可就地取材，结合使用。

（三）病虫害防治

该期病虫害防治工作仍是枣园管理的关键。

病害防治重点主要是炭疽病、枣锈病和斑点落叶病，虫害主要是绿盲蝽、红蜘蛛、桃小食心虫、小卷叶蛾、棉铃虫、缩果病、炭疽病、焦叶病等。防治方法：花后喷32.5%阿米妙收2 500倍液或20%苯醚·咪鲜胺1 500～2 000倍液、72%农用链霉素3 000倍液、5%甲维盐10 000倍液、2.5%阿维菌素6 000倍液、70%吸刀吡虫啉、福奇3 000～4 000倍液。病虫防治要按病虫发展规律，选用对应药剂，抓紧时机进行防治，详见第七章。

（四）冬枣园化学除草

进入夏季，因降雨和灌水，枣园易滋生杂草。杂草生长茂密时不仅争夺水肥，还影响通风透光，也诱发病虫害的发生。化学除草省工省时效果好。前期中耕后喷施田补或金都尔，每亩100～150毫升。中期用精氟1+1，每亩40毫升，对水30千克。杂草丛生用百草枯，有多年生或恶性杂草用草甘膦喷在杂草叶面上。

切忌喷到枣树叶片上，园内有根蘖苗时必须先除根蘖再喷草甘膦，以防药剂传导到冬枣根部。

四、采收到落叶期

（一）冬枣促转色早熟

冬枣成熟前，要保护果面，促进着色（图5-15）。冬枣的成熟果面对效益关系重大，果面鲜亮、果子硬度大、果个大的更受商客和消费者欢迎（图5-16）。要使果面好，后期用药最重要。一是不能乱复配。喷药应有的放矢，不能搞万能防治配方。用单剂最好，用防病虫对应药剂。二是需要复配时，一般2～3种药，不能超过4种药复配。要不伤果面，用水剂、水乳剂或微乳剂，最好不用乳油药。优化果面促着色用翠康着色生力液效果明显。对转色慢的壮树，应叶喷比利时进口三德乐速溶性硫酸钾肥250～300倍液2～3次，并与枝上环割相结合，不能乱用激素，影响品质和硬度。

图5-15　冬枣转色

图5-16　冬枣果个大小

（二）采收

冬枣成熟较晚，枣农为了卖个好价钱，近年来露地栽培冬枣早采现象比较严重。青采的果实发育不全，果个小，外观色度差，含糖量低，风味差，果实易失水萎蔫，不耐贮运，直接影响产量和果实品质，破坏了冬枣的市场信誉和品牌。今后果农应按成熟度适时分批采收，不但能提高冬枣的产量和品质，而且能增加产值，达到生产者与客商共赢、消费者满意的目的（图5-17）。

图5-17 冬枣采收

（三）采收后土壤管理

冬枣采收后缺墒时应先浇透水。枣园一般土壤管理包括以下几个方面：

1. **深耕** 深耕一般在果实采收后结合秋施基肥进行。土层较厚的枣园，深耕20～25厘米。

2. **中耕除草** 中耕在浇地后或雨前雨后进行，全年3～4次，深度为4～5厘米。

3. **覆盖** 枣园树下覆盖地膜，可以防止水土流失，减少土壤水分蒸发，提高地温，抑制杂草生长，保水保肥，防治土壤越冬虫害（图5-18）。

图5-18　落叶期

（四）冬枣秋施肥

1. **施肥的必要性** 冬枣要高产优质高效，关键是树体要强壮。树体要强壮，科学施肥是重中之重。从冬枣树的特性看，发芽开始以后，它生长发育活动非常活跃，在整个生长季节内，许多生长发育阶段重叠进行。如在5月枝叶生长和花芽分化同时进行；6月开花坐果和幼果生长同时进行；7～8月果实生长和根系快速生长又同时进行。冬枣树有这么多物候期重叠，不但营养消耗多，器官间养分的竞争也非常激烈。如果不能满足各器官对养分的需要，势必妨碍它的正常生长和发育，最终导致树势衰弱，产量降低，品质变次。

图5-19 采后施肥

特别需要指出，目前冬枣树的产量较高，果实中含有大量的糖分和其他营养物质，这就需要较多的营养物质来补充。为保证冬枣正常的生长发育和丰产丰收，就必须加强冬枣树的施肥管理工作（图5-19、图5-20）。

2.肥料种类 要想保证冬枣树的生长发育和正常结果，所用肥料的种类，应以营养全、

图5-20 采收后延长叶片功能

肥效长、富含多种营养元素的农家肥为基础，并配合使用肥力高、肥效快、富含大、中、微量元素及锌、硼等重要微量元素复合肥料。前者不仅能提供冬枣必要的营养物质，还能改良土壤的理化性质，提高土壤持续稳定的供给能力。后者可以在冬枣树重要生育时期及时补充各种营养元素的供给，满足冬枣树生长发育的需要。同时必须及时补充硅、钙、镁、钾等元素，严防缺素症引起的生理性病害发生，确保冬枣的品质。

3.冬枣施肥的原则

(1)增施有机肥，以稳为核心。有机肥不仅具有养分全面的

特点，而且可以改善土壤的理化性状，有利于冬枣根系的发生和生长，扩大根系的分布范围，增强树体牢固性。早施基肥，多施有机肥还可增加冬枣贮藏营养，提高坐果率，增加产量，改善品质。

(2)以平衡施肥为主。追肥上应以平衡施肥为主，然后根据各时期的需肥特点有所侧重，前期追肥以氮肥为主，配合磷、钾肥，后期增施磷、钾肥和微量元素肥，控制氮肥。

(3)以土壤施肥为主，结合根外追肥。

4.施肥量的确定 确定冬枣施肥量的办法是：以树龄和产量为基础，并根据树势强弱、立地条件以及土壤测试结果等加以调整。幼树施肥是促进幼树旺盛生长、早日投产的基本条件。幼龄枣树的施肥量，以根际土壤全氮达到100～150毫克／千克、五氧化二磷达到50～70毫克／千克、氧化钾200毫克／千克最好。一般第一年每株施多酶金尿素50克、田生金复合肥150克；第二年至第四年，每株施腐熟优质有机肥15～20千克、多酶金尿素0.2～0.3千克、田生金复合肥0.5千克。各地土壤肥力差异很大，应根据当地土壤营养状况，作必要调整。

幼树施肥时期，栽种当年，基肥施于穴底，追肥在缓苗后冠下多点穴施。第二年后，每年分2次施肥。第一次在发芽前，在树冠四周挖20厘米深的沟，施入农家肥和全年用量一半的化肥。第二次，在7月中旬，在冠下多点穴施另一半化肥，深10厘米。展叶后可用翠康苗壮1 500倍液，喷布枝叶，作根外追肥，每次间隔10～15天，全年喷布3～4次。

5.施肥技术 基肥是供给冬枣树生长的基本肥料。一般秋季施入，以秋季在果实采收后至落叶前为好。这时期叶片仍有一定的光合效能，根系处于年周期中最后一个生长高峰，有利于矿质营养的吸收及有机营养的转化积累。秋施基肥的目的就在于增加树体的贮藏营养，以满足翌年萌芽、花芽分化和开花坐果的需求。增施基肥结合深耕改土，以有机肥为主、化肥为辅。一般情况下，成龄树每亩施腐熟有机肥3 000～4 000千克（或诺邦地龙生物有机肥80～120千克）+田生金40%（16－8－16）或龙腾硫酸钾型复合肥80～120千克+56%花果多土壤调理剂50～75千克。

秋施基肥的方法：

（1）环状施肥　又叫轮状施肥。就是在树冠外围稍远处挖一环状沟，沟宽40厘米左右，沟深根据根系分布的深浅而定，先将有机肥料撒在沟底，然后将化肥撒在上面、混匀，填入后灌水，并注意以后的松土保墒（图5－21）。以后每年随着树冠和树根外延、扩展。环状施肥容易切断枣树的水平根。幼龄枣树不宜用环状深沟施肥，因枣树水平骨干根分布浅，分枝少，长度常超过冠径2～3倍，切断后损失根量较大且伤口不易发生新根，会妨碍树体的发育。

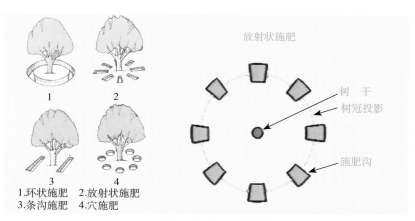

1.环状施肥　　2.放射状施肥
3.条沟施肥　　4.穴施肥

图5-21　基肥施用方法

（2）放射状沟施　即以主干为中心，距主干50厘米向外挖4～6条放射状的沟，长达树冠外围1米左右，宽40厘米左右，深20～40厘米，近树一端稍浅。施入肥料和表土，匀后再覆盖底土，下年度施肥时再变换位置。

（3）轮换沟施　此法在肥料不足、劳力紧张的情况下使用。方法是在树冠下的两侧挖沟施肥，沟深20～40厘米，宽40厘米左右，长度视树冠大小或肥量而定，可挖成条状沟或半弧状沟施肥。下一年时再轮换到另外两侧挖沟施肥，如此交替、逐年向外移动沟的位置。

（4）穴施　在根系分布范围内每隔一定距离挖一个穴，施入肥料，即为穴施。穴施时挖的穴（坑）宜多不宜少、宜小不宜大，要尽量避免施肥过于集中。一般挖穴数为5～8个，深30厘米左右。把肥料施入后覆土、灌水。

（5）全园或树盘内撒施　对于全园已经郁闭的枣园，可采用全园撒施方法。即把肥料撒布均匀，然后耕翻土壤即可。

以上几种施肥方法，均需注意保护根系、尽量少损伤细根和直径0.5厘米以上的粗根。

五、休眠期

（一）冬季清园

初冬冬枣落叶后全园进行一次清园。烧掉枯枝落叶及杂草。

1.刮皮和涂白　刮树皮和涂白一般在休眠期进行，以秋季落叶后到入冬前最好。幼树在主干形成粗皮之前一般只涂白，不刮皮。成树骨干枝每年都形成一层粗皮，要实施刮皮。

涂白可减轻枣树冻伤及日烧，同时防治叶蝉及病菌为害等。涂白剂配制方法：水10份、生石灰3份、石硫合剂原液0.5份、食盐0.5份、油脂（动、植物油均可）少许。

随着树体年龄的增长，树皮增厚缺乏伸展性，妨碍树干的加粗生长，树体容易早衰。同时树皮的裂缝是许多病虫的越冬场所。因此，及时刮除老皮，集中烧毁，既能促进树体生长，又能防治病虫，一举两得。

刮皮一般专用刮皮刀进行。要求将老树皮的粗裂皮层刮下为度，不能刮皮过深伤及嫩皮和木质部。刮皮时，树下先铺上报纸或塑料布，刮下的树皮必须及时清除干净，集中烧毁。

2.修补树洞和治疗伤疤

（1）锯、剪口的处理　冬剪时，往往会造成大的锯口、剪口，树势强者，伤口愈合快一般不易出现问题，树势弱时，由于伤口面积过大，愈合时间长，易引起伤口腐烂，影响树的生长和寿命，因此对伤口应加以保护。首先要用刀或剪削平锯、剪口，使皮层边缘呈弧形，然后用2%硫酸铜或5波美度的石硫合剂进行伤口消毒，最后涂上保护剂，预防伤口腐烂，并促其愈合。保护剂用桐油、铅油、接蜡等。蜡油的配方是松香800克，油脂100克，酒精300克，松节油500克。最简单的方法是把大伤口涂漆。

（2）病疤的治理　如树干出现病疤，要用刀先刮除病皮，露出健康组织，然后把刮口的边缘用刀削平整，用双氧水等药剂涂病斑，再用泥包裹促其愈合。

（3）树洞的修补　枣树时常发生"破肚"现象，或由于其他原因造成树洞，应及时补堵，以防止树洞扩大。补洞的方法是：将洞内腐烂木质清理出来，刮去洞口边缘的死组织，然后用药剂消毒并填补树洞。填充物最好是水泥和小石粒（1∶3）的混合物。小的洞口也可用木楔钉入树洞填平。补洞后可以保护伤口或加速愈合。

（二）冬施肥

冬枣如果秋季没有施肥，应抓紧冬季施肥季节，施好肥、施足肥，为来年培土、养根、壮树奠定营养基础（图5-22）。施肥的品种应以有机肥为主，配施田生金复合肥、花果多硅钙镁钾肥和诺邦地龙生物有机肥，施肥数量可参考秋季施肥指导方案，也可结合树势强弱合理施用，目的是为第二年枣树健壮生长提供足够的营养。

（三）冬枣树的整形修剪

整形修剪就是搭好架子，为冬枣建造结果的骨架。架子搭好了才能更好地结果，更多地增产。修剪的作用是培养树形，平衡树势，调节树体营养生长与生殖生长的关系，调控膛内各类枝条的长势和营养分配，改善树冠内通风透光条件，促使树势健壮，结果适量，从而获得较高的经济效益（图5-23）。

图5-22　冬施肥

图5-23　冬季整形修剪

1. 幼树期的整形修剪

（1）定干　冬枣幼树阶段，单轴延伸能力较强，分枝出现较晚，且量少位高，树形形成较慢，不宜培养成合理而牢固的骨架。所以，必须通过定干才能控制发枝部位，培养主枝，促进萌生较长的枣头，形成理想的骨架。

定干应视苗木当年生长状况而决定适宜时期。弱苗、小龄苗及栽培条件较差的枣园，栽植当年不定根，应加强管理，苗木复壮后定干；而对当年栽植的大苗及栽植条件好的枣园，可于栽植后定干，一般将定干苗的规格界定在高1.8～2米，苗木胸径2厘米。

定干高度应根据栽培密度而异，密植枣园宜低，30～50厘米；一般枣园宜80～100厘米；间作枣园宜100～120厘米。可采取两种定干方法：

①带内留枝法。即在定干高度以上留25厘米的整形带，带以上部分截除，带内的二次枝从基部截除，带下的二次枝全部清除，集中营养供给主轴上的主芽，以多萌生发育枝。对新萌生的发育枝，留上部一枝作中央领导头（开心形不留领导头），其余新枝培养成主枝。一般密度的枣园及散生冬枣树可用此方法。

②留茬萌枝法。即在定干高度以上留4～5节，截除以上部分，剪口下第一个二次枝从基部剪除，利用主轴上的主芽萌生中央领导枝。余下的3～4个二次枝留下一节重截，使主枝从二次枝上抽生，以下二次枝不作处理，以后逐年清除。密植冬枣园多用此方法。

（2）不同树形的整形修剪　定干后第二年，根据所培养的树形进行整形修剪。整形修剪应坚持有形不死、无形不乱、因树制宜、随枝作行的原则，作业项目包括中央干的培养、主枝和侧枝的选留及结果枝组的配置。

①自由纺锤形（圆锥形）（单轴主干形）。该树形特点是：中心干强壮，单轴延伸，干高0.5米左右，多个主枝环绕中心干生长发育，上短下长、上稀下密，呈圆锥形（上面与下面主枝短，中

间长的呈纺锤形），主干无侧枝，不分层，呈水平延伸开张，结果枝细小，一般全树有10～15个主枝，螺旋式向上排列，均匀地分布在中心干上，主枝上直接着生中、小型结果枝组。邻枝距离30厘米左右，主枝角度为80°左右，主枝基部的直径最大不超过主干直径的50%（图5-24）。

图5-24　自由纺锤形

结构特点是树冠较小，通风透光好，易整形，成形快，结果早，立体结果性强，便于管理和采收，适于密植栽培，培养树形需3～4年时间。

自由纺锤形整形修剪技术如下：

定干后第二年春季，对新培育的中心干短截，并剪掉剪口下的2个二次枝，刺激其萌生新枣头，培养中心干延伸枝。对干上保留的二次枝中，选留分布角度合理的3～4个从基部短截，刺激发育，形成下层主枝。

夏季，当新培养的一个中心干延伸枝长到1米左右，并生长发育出5～7个左右二次枝时，对延伸的枣头摘心，促进二次枝及其上的枣股发育。同时将竞争枝疏除，对下部保留的主枝，通过拉枝和吊枝等方法使其均衡。枝角在80°左右，培养成下部主枝。

定干后第三年，在中心干延伸枝顶端剪去2个二次枝，刺激萌发新枣头，以对中心干续培；对中心干上的其他二次枝，选方位合适并与上一年主枝的位置方向错开的3～4个二次枝，于基部剪除，准备培养中部主枝，其他二次枝打头促果，夏季待中心干延伸枝长到1米左右，并着生5～6个二次枝时，进行摘心，对衰弱的主枝延伸枝，利用背上枝换头，对角度不合适的主枝，进行拉或吊。

定干后第四年，修剪枝方法同上一年，需选留方向合适的二次枝3～5个，准备培养上部主枝。

经四年整形修剪，通过拉枝、吊枝、截枝、疏枝、摘心、环割等措施，以培养出10～15个均匀着生在中心干上的骨干主枝，基角80°左右，整个树体基本形成。

②小冠疏层形（主干疏层形）。该树形的基本结构是：干高0.5米，整树高3米左右，主枝分三层，着生于中心主干上，一般为7～9个，长度为0.8～1.5米，下长上短。第一层有主枝3～4个，长度为1.2～1.5米；第二层有主枝2～3个，枝长0.8～1.2米，距第一层70～80厘米；第三层有主枝1～2个，长度为60～80厘米，距第二层主枝60厘米。三层主枝，在主枝上不培养侧枝，直接着生二次枝。同时其所着生的结果枝组重叠少，光照条件好。

其特点是树体树冠小，结构好，修剪程序简单，培养树形时间短，适于株行距1.5米×2米或3米×4米的各种形式的密植枣园，便于管理和手摘果采收。培养树形需3年时间。

小冠疏层形整形修剪技术如下：

定干第一年夏季，当萌发的枣头长到20厘米左右时，保留顶端的枝条作为中心领导干培养，选其下部3～4个生长旺盛、分布合适的枣头，培养为第一层主枝。枝间方位角互为90°～120°，如相差大，可用拉枝方法调整。对其他未选枝条全部剪除。

定干后第二年春季，对中央领导干留80厘米后短截，并剪掉剪口下第一个二次枝，利用主干上的主芽抽生新枣头，继续作中心领导干。同时对下面的2～3个二次枝剪除，利用二次枝上的主芽萌生枝，培养第二层主枝。

夏剪既要保留第一层3个主枝和中心干的生长优势，又应保留第二层2～3个主枝的生长，可通过拿枝使枝头向适当的空间延伸。到夏末秋初，当中心干延长枝长出的7～9个二次枝有5～6节时，对其摘心，促进加粗生长，并使摘心后的主芽发育充实，为下一年结果打下基础。

定干后第三年春剪，对第一、第二两层主枝控旺促弱，使其均衡发展，并使第一层枝的生长势高于第二层枝。对中心主干在60厘米处短截，并剪去顶端两个二次枝，开始培养第三层的1～2个主枝。

夏剪通过控旺促弱，使树体各主枝平衡发展，达到所需要的长度。

主干疏层形是小冠疏层形的扩大利用，树形培养程序和方法基本相似。

③开心形。该树形的结构为：全树配备3～4个主枝，分布于一层内，主枝上选留2～3个侧枝，结果枝组均匀分布在主、侧枝的周围（图5-25）。其优点是树冠结构中间，阳光可以自上部直射内腔，透光性好，坐果良好，不会出现因树冠中心光照不足而不结果的空腔。缺点是主枝少，主体结果能力差。

近年发展的双层开心形（图5-26），即双层主枝，是从开心形演变而来的，其弥补了开心形主枝少的缺点，保持了开心形受光好的优点，两层主枝选留后，并成为双层五主开心形。

开心形整形修剪技术如下：

双层开心形修剪时需注意两点：一是掌握合适的开心角度。若开心角度过小，达不到开心的效果，易使树形向自然圆头形过渡；若开心角度过大，主枝的结果负载量过大时，会造成枝条过于下垂，生产管理不便。二是二层枝的枝距要合适。一般不小于

1.5米，层枝距过小，下层枝收不到开心的效果。

留枝方法同主干疏层形或小冠疏层形。但应注意，当上层枝主枝培养成后，要及时开心，除去中央主干。

图5-25　开心形

图5-26　双层开心形

2.盛果期的整形修剪 盛果期冬枣树修剪的主要任务是维持树势，稳固骨架，充分利用新生枣头更新结果枝组，改善树体的光照条件，达到延长盛果期的目的。

冬枣树由于连年结果易于衰老，盛果期骨干枝前端会弯曲下垂，甚至出现干枯、焦梢现象。长势强的树，仍能抽生一定数量的新枣头，如果让这些枣头放任生长，不加修剪，连续数年延伸生长，便会形成细弱的下垂枝。这些枝条在树冠内生长紊乱，挡风遮光，使骨干枝中下部的二次枝大量枯死，结果面积减少，部位外移，造成产量低而不稳，所以修剪很重要。

在修剪上应以疏间为主，疏间和短截相结合。掌握"延长骨干枝，短截衰弱枝，培养健壮枝，去掉徒长枝"的原则。

（1）选留枣头，增强树势 在修剪中注意选留生长在外围的枣头，以扩大结果面积；留生长在骨干枝上的枣头（背上枝）作为主枝延长枝，以抬高主枝角度；留生长充实和有发展前途的枣头（更新枝），以逐步取代衰老枝；留具有大量二次枝和枣股的结实能力强的枣头（结果枝），以保证结果枝组提高结果能力。

（2）剪除劣枝，降低内耗 在连年结果的树内，有些劣枝由于位置不当或结果量少，保存有害无益，既影响通风透光，又造成树形紊乱，空耗养分，应当剪除。如下垂枝、衰老枝、过密的内生枝和交叉枝、细弱的斜生枝和重叠枝、无用的病虫枝和干枯枝、位置不好的轮生枝和徒长枝。

另外对枣股上抽生的细弱枣头，要从基部或连同其枣股一起疏除。枣头基部留桩修剪会导致树上出现不萌生枣吊的鸡爪股，故不能留桩修剪。

（3）回缩更新，培养树势 进入盛果期后，主枝的先端出现下垂现象，背上陆续抽生新生枣头，下垂部分的枣股仍有较强的结实能力，不要急于回缩，待背上的抽生枣头培养成主枝延长头后再回缩修剪。对无新生枣头抽生的下垂枝应回缩，但回缩时应选有壮股壮芽的部位加以培养，以利抽生健壮枣头。如弯曲的弓背上已经出现自然更新枝，则可直接回缩至更新枝处。对多年生的细长枝，要回缩到有分枝处，以增强生长势，恢复结果能力。对光秃的骨干枝，要逐步回缩更新，培养新枝条。主枝强的适当短截，弱的可用生长壮的枣头来更换代替，以均衡树势。有人将盛果期冬枣树枝条处理方法编成口诀：重叠枝一升一降，交叉枝回缩该向，对头枝一伸一缩，细弱枝回剪冗长，下垂枝改头移位，直立枝留弱去强，外围枝少留多去，内膛枝充实健壮。

（4）疏摘扭拉，搞好夏剪　结果期枣树的夏剪很重要。冬枣树有主芽萌发能力特强的特性，冬剪时对枣头主枝短截后，剪口下二次枝基部的主芽很快萌生新的枣头。这些枣头一般直立徒长，不仅消耗树体大量的养分不利于坐果，而且造成全树枝条密挤，树形紊乱。若不加处理，会形成树上长树，枝上长枝，使结果部位变成无用枣头，上部新生枣头盖顶，影响透风透光，下部结果部位见花不见果，且果实发育不良。因此，若把冬剪作为整形修剪的话，夏剪则为保形修剪。

冬枣树的夏剪，可以压缩树冠外围新生枣头的数量和长度，适当控制营养生长，避免无益的消耗，改善树冠通风透光条件，达到合理控冠，保证树体养分向开花坐果分配，使各结果枝组正常的花芽分化、现蕾、开花、坐果和果实发育。

夏剪一般分为疏头摘心、扭枝拉枝等技术环节，应根据枣园密度及树形合理使用。

①疏头摘心。根据三类树况实行不同的疏摘方法：

密植枣园宜采取以疏为主的方法。此方法即是控制新生枣头。对发芽后萌生的各类新生枣头，不论位置如何，一律自基部疏除（抹芽）。保障冬剪时所保留枝组的正常生长和发育，开花和结果，为了保证效果，须反复进行多次。

中密度枣园宜采取疏摘结合的方法。中密度枣园一般冬剪时保留的树冠较大，冠内大、中型结果枝组较多。对此树形，发芽时只保留具有一定生长空间、角度合理的新生枣头，培育为中、小型结果枝组，其余全部疏除。亦应反复多次进行，花前对留下预培为中、小型结果枝组的枣头进行摘心（打枣尖），保护2～5个二次枝。并于开甲前对所有当年生枣头全部摘心。

一般枣园宜采取以摘为主的方法。

②扭枝拉枝。扭枝即是对虽然位置不好，但有保留价值的膛内非骨干枝，通过扭转在一定程度上破坏枝条疏导组织，改变其生长角度和方向，使其转向适宜的位置，填补冠内无效生长空间。扭枝多在枝条半木质化时（6月）进行，自新枝基部3～5厘米处扭转，扭至180°左右即可。为使枝条达到良好的位置效应，扭枝宜与拉枝配合进行。对于半木质化的枝条采取扭的方法，对于已木质化枝条则采取拉的方法。

3. 放任树的修剪

（1）生长特点　大多表现有树无形，主侧不清，枝条紊乱，先端下垂，小枝衰老，大枝焦梢，通风透光不良，结果部位外移，坐果少，产量低。

（2）修剪原则　因树修剪，随树作形，既要照顾当前产量，又要处理好营养生长与生殖生长的关系，综合运用各种修剪手法，疏通光路，更新培养健壮的结果枝组，扩大结果面积，提高产量。

（3）修剪方法（缩、疏、截、培养利用）

①缩。对生长衰弱、下垂、干枯、焦梢骨干枝和大量死亡的结果枝组，以及内膛各骨干枝呈现秃裸的状态都应适当回缩。在回缩时要注意一次不要回缩太多、太重，以免影响当年产量，一般回缩至生命力较强的壮股壮芽处。若剪口下遇有二次分枝时，可将二次枝以基部疏除，促其萌生新枣头，有的因树势过弱，枣股过于衰老，回缩后当年不能抽生枣头，但能促其枣股复壮，使枣吊生长健壮多呈半木质化，使其有效枣吊增多，并不影响当年产量。枣股复壮后第二年即可抽生枣头。

②疏。疏去过密、衰弱、无发展前途的骨干枝，以及轮生、交叉、并生、重叠、干枯、细弱、病虫害枝条，打开树冠层次，改善光照和通风条件。群众的经验是"疏大枝，腾地方，膛里膛外都见光"。对暂时要留的大枝若枝龄小，粗度不大时，可拉成水

平或下垂状态，减少时风光的影响，并抑制生长使其多结果。

③截。短截3年以上不作骨干延长枝的枣头，促使下部二次枝和枣股复壮，培养成健壮的结果枝组。

④培养和利用。培养健壮的结果枝组和结果母枝，是提高放任树产量的基本保证。其培养方法与盛果期树培养枝组方法相同。对于各骨干枝上萌发的徒长枝，疏去过密和细弱的，选择生长健壮，方向适宜的进行培养，代替已经衰老的骨干枝扩大树冠。并对生长健壮但没有适宜生长空间的徒长枝，根据空间大小进行短截，使直立生长变斜向生长，培养结果枝组。

4.衰老期的整形修剪　枣树进入衰老期后，树冠和根系分布缩小，导致结果母枝老化，结果能力下降。骨干枝先端枯死，后部光秃，光合性能减退，光能利用率降低，逐步出现自然更新现象。此时衰老与更新的矛盾上升为主要矛盾。修剪的目的是复壮树势，对骨干枝进行有计划的回缩更新，延迟衰老。对结果枝组采取疏缩的方法更新复壮，利用新枣头重新培养骨干枝和结果枝组。因为枣树骨干枝衰老，易出现先端下垂现象，在修剪中应注意提高骨干枝延长头的角度，改善体内营养供应状况。

更新树特征：树势极度衰弱，枝条生长衰退，无效枝逐年增多，各类结果枝组和多年生枣头上的二次枝大部分死亡。枣股老化，抽生枣吊能力显著降低，枣头生长短而少，枝条细弱开花少，坐果低。

修剪原则：根据树势及枣股老化状况，树体年龄灵活运用疏、截、缩、留的不同手法，处理主、侧枝及结果枝组，使潜伏芽萌发新枝，重新形成新的树冠，延长结果年限。

更新方法如下：

（1）疏截结果枝组　适用于衰老程度较轻，结果枝组刚开始大量衰亡的树株。冬剪时对衰老的枝组全面回缩疏截。已经残缺而结果基枝很少的枝组，可以从基部疏除，或保留2～3个完好的结果母枝，其余部分截疏，较完整的枝组缩剪1/3～1/2，集中养分，促发新枝。

（2）回缩骨干枝　适用于衰老程度较重，结果枝组大部分衰亡，骨干枝系枝梢部分开始干枯残缺的树。回缩更新时，除大量疏除衰老残缺的结果枝之外，对骨干枝系也按主侧层次回缩，回缩长度应超过枝长的1/3～1/2。回缩部位的剪口直径应超过5厘米，剪口下需留出向上的隐芽或结果母枝。为防止失水干枯，影响剪口芽萌发，剪口芽以上应留出5厘米长的枝段。

（3）停甲养树　这是我国有开甲习惯的枣区复壮树势的经验。停甲的树株坐果大量减少，甚至停止结果，因而有利于树体的营养生长，较快恢复树势。老弱树停甲的第一年，叶片明显增大变厚，叶色加深，第二年发育枝开始大量萌发，生长量过大，第三年新的树冠基本形成。因此，停甲三年后又可投产。停甲配合更新修剪，增施水肥等措施，可加快树势的恢复过程。

（4）调整新枝　更新缩剪刺激萌发的发育枝很多，常密挤成丝，如任其自然生长，则形成密集丝状的冠形，不仅树冠小、枝系弱，而且因透光差，会很快出现膛内自疏现象，达不到更新复壮的目的。为此，从更新修剪的第二年起要进行新枝的调整修剪（更新的第一年发枝少，树冠稀疏，为保存较多的叶片，较快恢复树势，一般不做调整修剪），即按照幼树整形修剪的原则，选择部位好，长势强的发育枝，作为骨干枝新的延长枝培养，并配置好结果枝组。细弱密枝要适当疏除，可用摘心和撑、拉、别等方法，调整、控制各个新枝的长势和角度，使之较快重新形成比较理想的树冠，恢复产量。

进行更新复壮，必须同时加强水肥管理，提高营养水平，才能达到较好的更新效果。如果先缩剪疏枝，不施肥，一般不会抽生出很多发育枝，尽管更新修剪剩留的结果母枝抽生的结果枝生长量有所增长，但因全树叶面积急剧减少，迟迟不得恢复，反而使根系削弱，树势进一步衰退。

另外，要根据衰老时间和衰老现状，进行不同程度的更新：

衰老初期：表现为各级枝条生长已见转弱，二次枝及枣股开始死亡，骨干枝有光杆现象出现，且先端出现下垂，呈弓背状，延长枝停止生长，顶芽形成枣股，弓背处抽生新枣头，具有一定的抚养枝和结果枝组，但生长势明显减弱，产量逐年下降。对这类枣树应轻度更新，回缩骨干枝下垂部分，剪去骨干枝的1/8～1/5，刺激留下的部位抽生新枣头。剪口要处在弓背枝的最高处，此处如有新生枣头，应选一方位好的作为骨干枝的延长枝，没有枣头的选择向上着生的壮股，促其分枝。更新后可继续开甲。

衰老中期：表现为树势衰弱，骨干枝回枯，结果枝组严重衰老，结果能力下降，二次枝和枣股大量死亡，下垂枝条死亡，结果部位缩小。如不更新，则会出现自然更新现象。在修剪上应中度更新，剪去骨干枝的1/3～1/2，并对光秃的结果枝组予以重截，促生新枝。充分利用自然更新抽生的枣头，扩大树冠，并停甲养树2～3年方可开甲。

衰老后期：表现为骨干枝光秃严重，上部多数死亡，各级枝条大量死亡，全树新枝极少或无。结果部位明显减少，产量低，品质差。对此类树应重更新，剪去各骨干枝全长的2/3左右，刺激新枝萌生，重新形成树冠。对部分木质部腐烂的、有坏死现象的骨干枝，更新时要选择不腐烂的部位，剪后注意保护剪口。对此类树应停止开甲。

第六章　冬枣设施栽培

　　随着冬枣产业的发展，设施栽培应运而生，并在快速地发展变化。由最初为了预防秋雨灾害而搭建防雨棚，逐步发展成有提温促早熟功能的常规大棚栽培，此后又发展成为更高效的有保温功能的大拱棚栽培。当前成熟早、效益高的日光节能温室冬枣，在大荔有亩产值十万元以上的高效典型，所以冬枣设施栽培潜力巨大，前景广阔（图6-1至图6-4）。

图6-1　露地栽培

图6-2　大棚栽培

图6-3　可带棉被大棚栽培

图6-4　日光温室栽培

一、日光温室冬枣高效栽培技术

日光温室冬枣是新的设施冬枣高效栽培模式（图6-5）。经栽培试验，鲜枣比露地早上市20～40天，比大棚早10～15天，经济效益是露地的5～10倍，大棚的3～6倍。

图6-5 日光温室栽植冬枣

（一）建棚与栽植

1. 建立高效节能的日光温室 日光温室冬枣见效快、收益高，在条件好的日光温室内，更能使其生长旺盛，健壮、果大质好，早熟高效。关中东部建"95352"式高效节能日光温室适于冬枣高产优质。该温室结构为：温室跨度9米，脊高5米，墙厚3米（墙为梯形），下地0.5米，方位面南偏西2°，温室长度一般80米。也可利用现有的蔬菜日光温室栽植冬枣。

2. 苗木选择 选择纯正的冬枣品种，真品短枝冬枣更好。苗木标准为"15320"：即苗高1米，接口上颈粗周长为5厘米，有3条以上侧根，主根长20厘米，根系发育良好，无病、虫、伤的苗木。

3.栽植方法　按照2米×1.5米的密度规划株行距。新建棚，生土多，肥力差，应重施有机肥和生物菌肥。每亩施6米³腐熟的厩肥（牛、羊、鸡粪）+硫基三元素复合肥（15－15－15）30～50千克，深翻30厘米，平整好土壤，规划好行间距，挖宽深各40厘米的栽植沟，每沟内施诺邦地龙生物有机肥或井上政生物肥3千克与土混匀。栽植沟填至30厘米深时踏实，于3月中旬栽植，栽后浇水；蔬菜棚改栽冬枣，于2月中旬在行间挖坑栽植，每坑施菌肥0.5千克，幼树定植后，逐年树下培土形成垄栽，低温季节根系活性高。树形培养成长纺锤形，加强水肥管理，一年成活长树，二年间套西甜瓜，三年可进入丰产期，获取较好的经济效益。

（二）扣棚时间

11月中旬上棚膜和草苫，昼盖夜揭强迫休眠，12月下旬开始升温，升温前覆盖地膜，使地温与气温同步上升。1月易出现强寒流，2月易发生倒春寒，应加强棚室管理。

（三）温度管理

1.及时合理控制温度　根据冬枣的生长发育特点，把握生育阶段：①扣棚后逐渐升温，一般白天18～20℃，晚上4～6℃，以后每周提温2～3℃，最高温度控制在30℃以内。②开始萌芽时，白天温度不高于28℃，晚间不低于12℃。③花蕾初花期白天温度22～23℃，不超过30℃，晚间不低于15℃。④盛花期白天24～26℃，不高于32℃，晚间不低于16℃。⑤果实膨大期温度在25～27℃，不高于35℃比较适宜。⑥转色成熟期，最适温度22～25℃且昼夜温差大，有利转色增糖。此期外界自然温度高，需要注意防高温日灼，遇高温树下滴灌，树上喷水，用水调温。在极端高温和强光照时，应于中午12时至下午4时在棚上盖遮阳网。

2.适时适度通风　用通风调节温室内温度，晴天通风要缓慢开通风口，花期更应注意早通风、慢升温。

（四）配方施肥

温室冬枣属高投入、高效益、精细栽培，应实施测土化验配方施肥（图6-6）。应重视施有机肥、生物肥、矿物肥，控制化肥使用量。前期以氮促长，以磷促根；中后期多施钾肥，补硼增钙喷施硅肥。温室冬枣基肥施3次：秋季收获后施1次，以有机肥为主，每亩施优质腐熟有机肥6～8米³+诺邦地龙生物有机肥40～80千克+花果多多元素矿物肥30～50千克,配施硫基控释肥或龙腾三元素复合肥（15－15－15）50～100千克，行间沟施；萌芽前施1次，施硝硫基复合肥30～50千克，配施硫酸钾和硝酸铵钙，各施30千克。膨果期每亩追施聚离子钾20～30千克，以后以叶面喷翠康金钾或翠康着色生力液高含钾的多元微肥为主。

图6-6　配方施肥

（五）改革灌水方式

升温前冬灌一次，萌芽后安装滴灌系统，根据墒情进行滴灌。一般天晴时滴灌，阴雨天外界湿度大时不灌。花期应使温室湿度保持相对湿度80%～90%。

（六）保花坐果保果膨果措施

日光温室冬枣的保花坐果保果膨果措施同露地冬枣。

由于保花坐果是冬枣丰产优质的关键环节，特别是设施栽培更为重要，因此这里再次强调保花坐果要点。一是冬枣坐果、保果期，要严格控制旺长，达到一叶不长，集中供养，把营养供给花、果。二是环剥、环割要看树势。过旺的树（叶片大、叶色深绿，叶平展不卷）宜在初花期环割，盛花期环剥。弱树盛花期环割。弱树和小树环割一次环割两道，两道间留一活枝，坚决不能环割三道。三是环割要深达木质部，割剥要通、要透。四是环剥部位。主干不如主枝效果好，粗枝不如细枝效果好，树的下半部不如上半部效果好。五是提倡留辅养枝环剥。六是坐果剂选择。赤霉素有促进枣树花粉萌发和刺激子房膨大作用，一般年使用 1～2 次即可。喷硼、喷翠康花果灵，可明显提高枣树坐果率（图6-7）。

图6-7　幼果期

（七）促转色防日烧措施

枣果成熟转色（图6-8）是提高效益的重要环节，一是叶喷含高钾高磷的叶面肥，二是主枝上环割。高温强光时喷众望所归1 000倍液＋翠康钙宝1 500倍液，盖遮阳网，以防转色晒伤（图6-9）。

图6-8　转　色

图6-9　转色晒伤

（八）采收

成熟期提倡分期采收，即成熟一部分采收一部分，以提高产量和品质，使效益倍增（图6-10）。

图6-10　采收后包装

（九）病虫害防治

在扣棚前进行一次彻底的、细致的清园。喷48%毒死蜱乳油800倍液＋辛菌胺醋酸盐500倍液＋SK矿物油150倍液。重点防好灰霉病、炭疽病、枣瘿蚊、绿盲蝽等。严格按照冬枣无公害管理技术规程，采用"以防为主，防治结合，综合防治"的防治方针，制定防治方案，进行冬枣病虫害综合防治。采用树体主干设隔离带（粘贴粘虫带），防止幼虫上树，深翻树盘杀死越冬害虫及病原菌等物理防治技术。化学防治中，提倡使用高效低残留农药，推广使用生物制剂，严禁使用高毒、高残留、"三致"农药和国家禁止使用的农药。

花期遇阴雨连阴天，要注意灰霉病的发生与防治。

（十）采收后延长叶片功能期

一是采收后灌水施肥；二是晚取棚膜，关闭风口，保持温度在16℃以上；三是防好锈病、叶斑病等叶部病害，使绿叶晚秋脱落延迟20～30天。为树体后期积累营养，为连年持续丰产优质奠基。

二、大棚冬枣丰产栽培技术

冬枣塑料大棚栽培（图6-11），实现了大棚栽培冬枣的成熟期比露地栽培提前10～15天，比原产地山东沾化县提前30天，产地供应时间由原来的25天延长到55天，且能有效预防秋涝灾害。现将该技术介绍如下：

图6-11　大棚栽植冬枣

（一）扣棚时间

在关中东部适宜的扣棚时间为2月上中旬，扣棚早易受雪灾、风灾的危害，同时冬枣休眠不足影响花芽分化，枣吊现蕾。当最低气温不低于-2℃时扣棚最合适，有保温设备的大拱棚扣棚时间应提前10～15天。扣棚前要通过气象部门了解中长期天气预报，若冷空气活动频繁，易出现"早春寒"天气，扣棚时间可推后7～10天。通过实践证明，2月上旬扣棚，一般枣果成熟期可提前到8月15日至9月上旬，提前上市15天左右，售价是露地冬枣的5～10倍，最高售价达80元/千克，效果十分显著。

（二）树形

由于棚内空间有限，选择培养良好的树形不仅能充分利用有限光能和空间，而且直接影响到单位面积产量和果实品质。大棚栽培冬枣宜采用树冠紧凑的小冠开心形和自由纺锤形，既能够充分利用棚内空间，又便于摘心、抹芽、打药等棚内作业。要求树高要低于棚膜30～40厘米。树体太高时，在扣棚前宜采用拉枝、撑枝、坠枝、回缩等方法降低树体高度。

（三）棚内温度控制和通风要领

1. 合理控制温度 大棚冬枣温度控制大体分为6个阶段：①扣棚后1周白天温度控制在20～25℃，晚上控制在5～7℃。②催芽期白天温度控制在25～30℃（20天左右），晚上10～18℃。③萌芽期白天温度控制在20～26℃，晚上12～18℃，若温度过高易造成蕾小，甚至脱蕾。④花蕾形成期至初花期白天温度控制在23～26℃，最高不超过30℃，晚上12～20℃。⑤盛花期白天温度控制在24～26℃，晚上15～20℃。⑥果实发育期温度在25～28℃，果实成熟期23～25℃最适宜，随外界自然温度争取拉大昼夜温差，此期应防日灼。

2. 正确通风 生产中采用棚体通风调节棚内温度和相对湿度，具体要根据季节、天气情况和枣树不同物候期对环境条件的要求，灵活掌握通风时间、通风口大小、通风部位。其要领为：①前期通风以顶部通风为主。一般不通边风。边风通后，影响边行温度，导致边行地温回升太慢，从而使边行枣树生长发育滞后，整棚的开花结果物候期不同步，管理不方便。当外界气温上升到8～10℃时，可通边风。②花期通风要早、及时，缓慢升温，切忌通风过猛。随时注意外界气温的变化，在天气晴好的条件下，要提早通风，不要等到棚内温度上升到所需温度才开始通风，由于外界气温仅5℃左右，棚内温度已达30℃以上，通风过猛，温差太大，易造成落花，特别对于边行来说落花更严重。棚内温度过高时，应先通小风，逐渐拉大通风口，切不可操之过急。

（四）保花保果技术

棚内保花保果技术和露地的基本相同，春季萌芽后及时抹除枝条上萌发的无用芽，对不做主枝延长枝的枣头及时摘心，对侧枝和主枝枣头可留 2～4 个二次枝适当轻摘心。盛花初期对长势较旺的主枝进行开甲，甲口宽度为主枝直径的 1/10，深度不伤木质部，甲口要求宽度一致，表面平滑。开甲 7～10 天后涂喷杀虫剂，防治甲口虫危害。30～35 天时检查开甲部位，没有愈合的要进行包扎，促使伤口愈合。对不太旺的树体可以采取环割技术。盛花期喷肥、喷植物生长调节剂和微肥，促进花粉萌发，提高坐果率。喷施时间在上午 9 时以前或下午 4 时以后进行。可选用翠康花果灵 1 500 倍液。为了提高坐果率，在盛花初期可喷植物生长调节剂，如赤霉素（10～15 毫克/千克）、芸薹素内酯具有显著的双向调节作用，可在盛花期使用。在冬枣生育中后期，部分枣园叶片浓绿，果实青小，发育缓慢，喷后有明显的膨果作用（图 6-12）。再就是花期放蜂，一般一棚一箱蜂即可。

图 6-12　保花保果

（五）肥水管理

测土化验分析，根据园地肥力，实行配方施肥。总体原则是：重施腐熟优质有机肥（牛粪、鸡粪、羊粪、油渣等），适量施化肥（少氮、补磷、增钾），补充微肥、增施生物肥。施肥方式提倡秋季重施基肥，开春巧施催芽肥。灌水一般结合施肥秋灌1次，在扣棚前冬灌1次，分墒后松土覆膜。如果中期旱情严重，应采用隔行灌水或采用滴灌、沟灌、渗灌等方法灌小水，不宜大水漫灌，改变过去多次施肥、多次灌水、大肥大水的管理方式。

（六）病虫害防治

参照温室冬枣。

（七）分期采收

露地冬枣成熟较晚，近年来枣农为了卖个好价钱早采现象比较严重。青采的果实发育不全，果个小，外观色度差，含糖量低，风味差，果实易失水萎蔫，不耐贮运，直接影响产量和品质。推广大棚冬枣栽培后，冬枣成熟期提前，且采收期延长，果农都能按成熟度适时分批采收，不但提高了冬枣的产量和品质，效益倍增，也受到了客商和消费者的好评。

（八）采收后管理

参照温室冬枣。

第七章　冬枣主要病虫害防治

一、冬枣主要虫害

（一）绿盲蝽

绿盲蝽属半翅目盲蝽科，刺吸式口器，别名花叶虫，小臭虫。主要为害棉花、枣、胡萝卜、豆类、桑、麻类、马铃薯、瓜类、苜蓿、药用植物、花卉、蒿类、十字花科蔬菜等（图7-1）。

图7-1　绿盲蝽虫卵

1.为害症状　以若虫或成虫刺吸枣树生长点、幼芽（图7-2）、嫩叶、花芽和幼果。生长点受害后不能正常发芽。幼嫩叶芽受害后，先在新叶上出现失绿斑点，变黄枯萎，顶芽萎缩。随着叶芽的伸长，枯死斑扩大，出现不规则空洞、裂痕、皱缩，俗称"破头疯"、"破叶疯",造成叶片残缺不全。枣吊受害后不能正常伸展,形似烫发。枣蕾、幼果受害后不能正常伸展,严重影响产量和品质。

图7-2　绿盲蝽为害幼嫩叶芽

2.形态特征　成虫体长5毫米,宽2.2毫米,绿色,密被短毛(图7-3)。头部三角形,黄绿色。若虫5龄,与成虫相似(图7-4)。初孵时绿色,复眼桃红色。2龄黄褐色,3龄出现翅芽,4龄超过第一腹节,2、3、4龄触角端和足端黑褐色,5龄后全体鲜绿色,密被黑细毛。

图7-3　绿盲蝽成虫

图7-4　绿盲蝽若虫

3. 发生规律 绿盲蝽的发生和气候条件有密切的关系。卵在周围湿度为65%以上时，才能大量孵化。气温为20～30℃，相对湿度为80%～90%的高湿气候，最适宜其为害。在高温低湿的气候下，该虫危害较轻。绿盲蝽1年发生4～5代，以卵在枣树残桩、翘皮裂缝、伤口处及苜蓿、杂草组织内越冬。春季3～4月、平均气温达10℃以上、相对湿度在70%左右时，其卵开始孵化。枣树发芽后，幼虫即开始上树为害。5月上中旬枣树展叶期为为害的第一盛期。5月下旬以后，气温渐高，虫口渐少。第二代至第四代，分别在6月上旬、7月中旬和8月中旬出现，主要为害植物的花蕾和幼果。成虫寿命为30～50天。其飞翔力强，白天潜伏，稍受惊动便迅速爬迁，不易发现。成虫在清晨和夜晚，取食为害。

4. 防治方法

（1）农业防治 及时清园，早春剪除干枯枝、病残枝，刮掉树干及树杈处粗皮，集中处理，生长季节防止杂草丛生，秋季彻底清园。

（2）化学防治 早春萌芽前喷3～5波美度石硫合剂（设施上棚膜后不宜使用）或48%毒死蜱乳油1 000倍液+4.5%高效氯氰菊酯水分散粒剂3 000倍液等喷雾防治。枣树初花期,喷施70%吸刀吡虫啉水分散粒剂10 000倍液或水剂红高氯或高效氯氟氰菊酯水乳剂。抓紧花前喷药防治绿盲蝽，花期最好不喷药，防治时抓早晚两头，喷药防治效果好。

（二）食芽象甲

食芽象甲属鞘翅目象甲科，专食幼芽和嫩叶，主要为害枣、苹果等（图7-5）。

1. 为害症状 以成虫咬食为害枣树嫩芽、幼叶，严重时可将嫩芽吃光，迫使枣树重新萌发出枣吊和枣叶，从而削弱树势，影响生产发育，严重降低枣果产量和品质。

2. 形态特征 成虫体长5～7毫米，雌虫土黄色，雄虫深灰色。卵椭圆形，初产时乳白色，渐转深褐色。幼虫体长5～6毫米，前胸背板淡黄色，胸腹部乳白色，体弯，各节多横皱。蛹为裸蛹，长4～5毫米，初为乳白色，渐转红褐色。

图7-5　食芽象甲

3. **发生规律**　每年发生1代，以幼虫在土壤中越冬。翌年4月上旬幼虫开始化蛹，中旬为化蛹盛期，成虫羽化后4～7天出土，4月下旬田间出现成虫，4月底至5月上旬为成虫盛发期。成虫在上午10时至下午4时气温较高时最活跃，在枝上来回爬行，取食嫩芽和叶片，将嫩芽咬断或食尽，造成二次发芽，展叶后仍能为害。成虫上树为害后，即交尾产卵，每头雌虫一生可产卵100多粒。5月中下旬为产卵期，卵期12天左右，5月下旬至6月上旬为卵孵化盛期。幼虫孵化后落入土中，取食植物根部，9月以后潜入土中30厘米左右处越冬。

4. **防治方法**　①成虫出土上树前，在树干基部培一光滑土堆，撒3%毒死蜱或3%辛硫磷颗粒剂毒杀出土成虫，每株树施用0.1～0.15千克。如虫口密度大、出土时间长，可相隔7～10天后，地面喷48%毒死蜱500～800倍液。②成虫上树时，利用其假死性于清晨或傍晚震树，以震落成虫，然后向地面喷洒48%毒死蜱乳油1 000倍液。③在成虫上树为害期，向树冠喷4.5%高效氯氰菊酯水乳剂2 000～3 000倍液，或48%毒死蜱乳油1 000倍液，或2.5%高效氯氟氰菊酯水乳剂1 000～1 500倍液喷雾防治。

（三）桃小食心虫

桃小食心虫简称桃小，属鳞翅目蛀果蛾科（图7-6）。

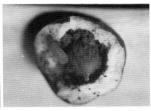

图7-6　桃小食心虫

1. **为害症状**　从萼洼附近或果实胴部蛀入果内，蛀入孔流出透明的水珠状果胶滴，数日后果胶滴干为白色粉状物，随着果实长大，入果孔愈合成针尖大小的小孔，周围稍凹陷，呈青绿色。早期为害严重时，使果实变形，表面凸凹不平。果实近成熟期被害，果形一般不变，但果内虫道充满虫粪，俗称"豆沙馅"。幼虫老熟后，在果面咬一直径2～3毫米的圆形脱果孔，虫果容易脱落。

2. **形态特征**　前翅前缘中部有一蓝黑色三角形大斑，翅基和中部有7簇黄褐或蓝褐色斜立鳞毛，后翅灰白色。卵椭圆形，深红色。成龄幼虫体长13～16毫米，头褐色，前胸背板暗褐色，体背及其余部分桃红色。蛹长6～8毫米，淡黄色至褐色。茧分冬茧和夏茧。冬茧扁圆形，茧丝紧密；夏茧纺锤形，质地疏松。

3. **发生规律**　1年发生1～2代，以老熟幼虫在土中结扁圆形冬茧越冬。越冬深度最浅可在土表，最深可达15厘米，3～8厘米深处最多；越冬幼虫的平面分布范围主要在树干周围1米以内。越冬幼虫于4月底至5月初开始破茧出土，雨后出土多，出土可一直延续到7月中旬，5月中旬到6月上旬为出土盛期。幼虫出土后，1天内即可在树干基部附近的土缝、石缝或杂草根际处吐丝结成纺锤形的夏茧，后化蛹。蛹期9～15天。5月下旬成虫开始羽化，羽化后2～3天产卵，卵期6～7天，6月中旬至7月上旬为成虫发生盛期。幼虫柱果后，在果内为害20天左右，7月下旬开始老熟脱果，8月上旬为脱果盛期。第二代成虫8月中旬开始发生，盛期为8月下旬到9月上旬；9月中旬枣果开始脱落，9月下旬脱果后即入土结茧越冬。

4. 防治方法

（1）农业防治 ①在老熟幼虫出土前，用塑料膜在树干周围45厘米处覆膜，并压紧四周，消灭出土老熟幼虫于塑料膜下。②在5～8月于树下基部堆土30厘米厚，使越冬幼虫不能出土。③在老熟幼虫脱果前，轻摇树体，使虫果脱落，集中销毁。

（2）化学防治 ①于越冬幼虫出土盛期，在树盘内喷48%毒死蜱乳油800倍液或25%辛硫磷微胶囊剂200倍液，消灭出土幼虫。②在幼虫孵化盛期，一般7月上旬至8月下旬，树体喷14%福奇4 000倍液，或4.5%高效氯氰菊酯水乳剂1 000～1 500倍液，或2%甲维盐微乳剂12 000倍液，或2.5%高效氯氟氰菊酯水乳剂1 000～1 500倍液喷雾防治。

（四）枣步曲

枣步曲别名枣尺蠖、枣尺蛾，属鳞翅目尺蛾科（图7-7）。除为害枣外，还为害酸枣、苹果、梨、桃、花椒、杏、李、葡萄、杨、柳、榆、刺槐、花生、甘薯、豆类等。

图7-7 枣步曲

1. 为害症状 枣树萌芽露绿时，初孵幼虫开始为害嫩芽，取食嫩叶。随着幼虫虫龄增大，食量也随之增加，严重的可将枣叶和花蕾全部吃光，造成枣树大量减产，甚至绝收。

2.**发生规律** 每年发生1代,以蛹在树冠下土中越冬,以距主干1米内土中最多。翌年惊蛰后成虫开始羽化出土,3月中下旬为羽化盛期,雌成虫无翅,靠爬行上树。成虫羽化后交尾产卵,每头雌虫产卵可高达1 000多粒。4月中下旬至5月上旬为卵孵化盛期。幼虫孵化后为害。5月是幼虫为害盛期,5月下旬幼虫老熟开始入土化蛹。

3.**防治方法**

(1)阻止雌蛾及初孵幼虫上树 在枣步曲成虫羽化出土前,在树干基部距地面10厘米处绑一圈10厘米宽的塑料薄膜,要求与树干紧贴,接头处用订书机或塑料胶布钉牢或粘合。塑料带下缘用土压实,并用细土做成圆锥状小土堆,土堆基底开小沟,撒入辛硫磷粉剂,可消灭绝大部分上树雌蛾。当地面卵块即将孵化前,在塑料带上涂一圈粘虫药膏(由黄油10份、机油5份、48%毒死蜱乳油1份混配而成)可以全部粘杀上树幼虫。

(2)绑草绳诱卵法 在塑料薄膜带下绑一圈草绳,可诱集雌蛾在草绳缝隙内产卵,至卵接近孵化期时,将草绳解下烧掉或深埋。

(3)树上喷药防治法 在卵孵化高峰期或成虫羽化高峰后约25天用药,保证将幼虫消灭在3龄前。在虫口密度大、发生重的枣园,结合调查,应在第一次用药后约半个月用第二次药,即14%福奇4 000倍液或2.5%高效氯氟氰菊酯乳油8 000倍液。另外,幼虫期也可使用苏云金杆菌、杀螟杆菌、青虫菌、7216(100亿孢子/克),以每克稀释含孢子量为0.5亿个左右为宜,防效也很好。

(4)保护和利用无敌 利用益虫、益鸟等天敌,压低虫密度。

(五)枣瘿蚊

1.**为害症状** 以幼虫吸食枣树嫩叶汁液,叶片受害后,叶缘向上卷曲,嫩叶成筒状,由绿变为紫红色,质硬而脆。受害叶后期变为褐色或黑色,叶柄形成离层而脱落(图7-8)。

图7-8 枣瘿蚊为害症状

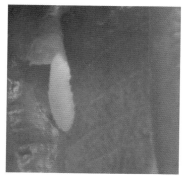

图7-9 枣瘿蚊幼虫

2．形态特征 成虫虫体似蚊，体橙红色或灰褐色，灰黄色细毛。雌虫体长1.4～2.0毫米，头、胸灰黄色；雄虫略小，体长1.1～1.3毫米，灰黄色。卵近圆锥形，长0.3毫米，半透明，初产卵白色，后呈红色，具光泽。幼虫蛆状，长1.5～2.9毫米，乳白色，无足（图7-9）。蛹为裸蛹，纺锤形，长1.5～2.0毫米，黄褐色，头部有角刺1对。茧长椭圆形，长2毫米，丝状，灰白色，外粘土粒。

3．发生规律 1年发生5～6代，秋季以老熟幼虫在树下距地面2～5厘米的浅土层内结薄茧越冬。翌年枣树萌芽期化蛹羽化。卵产于筒状幼叶的缝隙中，数粒至十余粒产在一起。幼虫孵化后即在嫩叶上吸食汁液为害，被害处叶片组织肿胀，变红、变硬、变脆。幼虫老熟后钻出叶筒入土结茧化蛹羽化，发生下一代，最后一代老熟幼虫于8月下旬开始入土做茧越冬。各代卵期3～6天，幼虫期8～13天，蛹期6～12天，成虫期1～2天。每代历期19～22天。

4．防治方法

（1）农业防治 4月中下旬结合中耕除草把蛹翻入深层阻止成

虫羽化出土。5月下旬结合灌水杀死第二代幼虫和蛹。6月上旬幼虫出土化蛹盛期，在距离树干1米范围内，培10～15厘米厚的土堆，拍打结实，防止羽化成虫出土。8月下旬以前，在枣树下覆盖薄膜，阻止老熟幼虫入土做茧或化蛹越冬。翌年3月下旬以前，在树下覆盖薄膜，阻止越冬蛹羽化出土，以减少虫源基数。

（2）化学防治 枣芽萌动期越冬代成虫羽化前，树下地面撒3%辛硫磷颗粒剂3～5千克，撒后轻耙混匀。5月初枣吊5～6片叶展开时，树上喷4.5%高效氯氰菊酯乳油1 000～1 500倍液，或48%毒死蜱乳油1 500～2 000倍液，或2.5%高效氯氟氰菊酯水乳剂1 000～1 500倍液，或25%灭幼脲悬浮剂1 500～2 000倍液，或5%吡虫啉乳油1 000～1 500倍液喷雾防治。

（六）枣红蜘蛛

枣红蜘蛛属蛛形纲蜱螨目叶螨科，又称朱砂叶螨、棉红蜘蛛。除为害枣树外，还为害棉花、豆类、茄子等大田作物和桃树等果树。

1. 为害症状 枣红蜘蛛以成螨、幼螨和若螨集中在叶芽和叶片上取食汁液为害（图7-10）。被害植株初期叶片出现失绿的小斑点，后逐渐扩大成片，

图7-10 枣红蜘蛛为害叶片

严重时叶片呈枯黄色，提前落叶落果，造成减产和品质下降。

2. 形态特征 成螨（图7-11）椭圆形，锈红色或深红色，雌成螨体长约0.48毫米，雄成螨体长约0.35毫米。卵圆球形，直径约0.13毫米，初产时无色透明，孵化前变微红色。幼螨近圆形，浅红色，稍透明。

3. 发生规律 红蜘蛛因气候条件影响，年发生数代，10月中下旬雌螨迁至树皮缝隙、杂草根际及土块下越冬，翌年4月下旬

图7-11　枣红蜘蛛

开始活动，5月下旬开始为害，形成一次为害高峰，6月向枣园转移，温度升高，形成为害高峰，高峰期至8月。红蜘蛛的活动与环境条件有关，它活动的最适宜温度为25～35℃，相对湿度为35%～55%。高温干燥是红蜘蛛猖獗为害的主要条件。红蜘蛛的发生具有地域性，常年发生重的地块，一般来年发生重。

4．防治方法

（1）农业防治　休眠期内，刮掉树干老翘皮，集中烧毁，并清除杂草，消灭越冬雌虫。

（2）化学防治　早春萌芽前喷3～5波美度石硫合剂，杀死出蛰成虫或越冬虫卵。5～6月以后，当虫口密度平均达到0.5只/叶时，应及时使用杀螨药剂进行防治。药剂可选用3.2%阿维菌素乳剂4 000倍液，或15%哒螨灵乳油1 500～2 000倍液，或57%炔螨特乳油800～1 200倍液喷雾防治。

（七）枣龟蜡蚧

枣龟蜡蚧属同翅目蜡蚧科，又名日本龟蜡蚧（图7-12）。寄主范围广泛，除为害枣树外，还为害苹果、柿、梨、桃、杏等。在果树混栽地区，日本龟蜡蚧可互相传播，给彻底防治带来相当大的难度。日本龟蜡蚧繁殖速率快，繁殖数量多，3～4月就开始取食。同时它的排泄物还可诱发煤污病的发生，使植株密被黑霉，直接影响光合作用，并导致植株生长不良。

图7-12 枣龟蜡蚧

1. 为害症状 以若虫或成虫固着在枣叶上或1～2年生枝上吸食汁液，同时排出大量排泄物，密布全树枝叶，7～8月雨量大时引起大量煤污菌寄生，使枝叶布满黑霉。

2. 形态特征 雌成虫体长2.2～4.0毫米，体扁椭圆形，紫红色。被覆白色蜡质蚧壳。雄成虫体长1.3毫米，翅展2.2毫米，体棕褐色，翅白色透明，有两条明显翅脉。卵椭圆形，橙黄色至紫红色，长0.2毫米。若虫初孵化时体扁平，椭圆形，橙黄色，长0.5毫米。固定后分泌白色蜡质层，周边有14个蜡角，似星芒状。

3. 发生规律 1年发生1代，以受精雌虫主要在1～2年生枝上越冬。翌春寄主发芽时开始为害，虫体迅速膨大，成熟后产卵于腹下。6月中下旬为产卵盛期。每雌产卵千余粒，多者3 000粒。卵期10～24天。初孵若虫多爬到嫩枝、叶柄、叶面上固着取食，8月初雌雄开始性分化，8月中旬至9月为雄虫化蛹期，蛹期8～20天，羽化期为8月下旬至10月上旬，雄成虫寿命1～5天，交配后即死亡，雌虫陆续由叶转到枝上固着为害，至秋后越冬。可行孤雌生殖，子代均为雄性。

4. 防治方法

(1) 农业防治 结合冬季修剪，剪除虫枝，并刮除枝条上的越冬雌成虫。

(2) 化学防治 冬季或早春枣树萌芽前喷3～5波美度石硫合剂或15%～20%柴油乳剂，以杀灭枝条上的越冬雌虫。6月下旬至7月初若虫出壳盛末期，向树上喷48%毒死蜱乳油1 500～2 000倍液防治，7天后再喷1次，防效较好。

二、冬枣主要病害

（一）枣炭疽病

1.**症状**　主要为害果实，也可侵染枣吊、枣叶、枣头和枣股。染病果实着色早，在果肩或果腰处出现淡黄色水渍状斑点，逐渐扩大成不规则形黄褐色斑块，中间产生凹陷病斑，病斑扩大后连片，呈红褐色，引起落果（图7-13）。在潮湿条件下，病斑上长出许多黄褐色小突起。剖开病果，果核变黑，味苦，不能食用。叶片受害后变黄早落，有的呈黑褐色焦枯状悬挂在枝头。

图7-13　枣炭疽病病果

2.**病原**　胶胞炭疽菌（*Colletotrichum gloesporides*），属半知菌亚门真菌。分生孢子盘位于表皮下。分生孢子长圆形或圆筒形，无色单胞，中央有1～2个油点。

3.**发生规律**　以菌丝体在枣吊、枣股、枣头和僵果中越冬，其中以枣吊和僵果的带菌量为最高。翌年春季雨后，越冬病菌形成分生孢子盘，涌出分生孢子，遇水分散，随风雨传播，或昆虫带菌传播。枣果、枣吊、枣叶、枣头等从5月即可能被病菌侵入，带有潜伏病菌，到7月中下旬才开始发病，出现病果。8月雨季，发展快。降雨早、连阴天时，发病早而重。

4. **防治方法** 摘除残留的越冬老枣吊，清扫掩埋落地的枣吊、枣叶，并进行冬季深翻；再结合修剪剪除病虫枝、枯枝，以减少侵染来源。增施农家肥料，增强树势，提高植株的抗病力。

药剂防治于发病期前的6月下旬喷施一次杀菌剂消灭树上菌源，可选25%阿米西达1 500倍液，或30%醚菌酯可湿性粉剂1 000～2 000倍液。于7月下旬至8月下旬，间隔10天喷洒20%苯醚甲环唑水分散剂（世高）5 000～6 000倍液或20%苯醚·咪鲜胺微乳剂1 500～2 000倍液或45%咪鲜胺水乳剂1 000～2 000倍液，保护果实，至9月上中旬结束喷药。

（二）枣缩果病

1. **症状** 为害枣果，引起果腐和提前脱落。病果初期在肩部或腹部出现淡黄色晕环，逐渐扩大，稍凹呈不规则淡黄色病斑。进而果皮水渍状，浸润型，散布针刺状圆形褐点；果肉土黄色、松软，外果皮暗红色、无光泽。病部组织发软萎缩，果柄暗黄色，提前形成离层而早落（图7-14）。病果小、邹缩、干瘪，组织呈海绵状坏死，味苦，不堪食用。

2. **病原** 目前认为该病原是以小穴壳菌（*Dothioralla gregaria*）为主的多种病菌。

3. **发生规律** 一般于枣果变白至着色时发病。枣果开始着色时发病，8月上旬至9月上旬是发病盛期。降雨量大，发病高峰提前。一旦遇到阴雨连绵或夜雨昼晴的天气，此病就易爆发成灾。

4. **防治方法** 秋冬季节彻底清除枣园病果烂果，集中处理。大龄树，在枣树萌芽前刮除并烧毁老树皮。增施有机肥和磷、钾肥，少施氮肥，合理间作，改善枣园通风透光条件。雨后及时排水，降低田间湿度。加强对枣树害虫，特别是刺吸式口器和蛀果害虫，如桃小食心虫、介壳虫、椿象等害虫的防治，可减少伤口，有效减轻病害的发生。前期喷施杀虫剂，以防治食芽象甲、叶蝉

图7-14 枣缩果病

枣尺蠖为主；后期8～9月结合杀虫，施用氯氰菊酯等杀虫剂与烯唑醇混合喷雾，对枣缩果病的防效可达95%以上。根据气温和降雨情况，7月下旬至8月上旬喷第一次药，间隔10天左右再喷2～3次药，枣果采收前10～15天是防治关键时期。比较有效的药剂有20%苯醚甲环唑水分散粒剂（世高）5 000～6 000倍液、70%甲基硫菌灵粉可湿性粉剂800～1 000倍液、50%多菌灵粉600～800倍液、80%代森锰锌可湿性粉剂（络合）800～1 000倍液、72%农用链霉素可溶粉剂3 000～4 000倍液、90%新植霉素可湿性粉剂4 000～5 000倍液等。喷药时要均匀，雾点要细，使果面全部着药，遇雨及时补喷。

（三）枣锈病

1．症状 仅为害叶片。发病初期在叶片背面散生淡绿色小点，后逐渐突起成黄褐色锈斑，多发生在叶脉两侧及叶尖和叶基。后期破裂散出黄褐色粉状物。叶正面，在与夏孢子堆相对处呈现许多黄绿色小斑点，叶面呈花叶状，逐渐失去光泽，最后干枯脱落（图7-15）。

图7-15　枣锈病

2. 病原　枣层锈菌（*Phakopsora zizyphivulgaris*），属担子菌亚门。

3. 发生规律　主要是以夏孢子堆在落叶上越冬，为翌年发病的初侵染来源。翌年夏孢子借风雨传播到新生叶片上，在高湿条件下萌发。一般从7月上旬开始出现症状，8月下旬至9月初夏孢子堆大量出现，通过风雨传播不断引起再侵染，使病害加重。7月的雨早、雨多发病严重。地势低洼易积水、行间郁闭，枣锈病重，落叶、落果严重。

4. 防治方法　合理密植，修剪过密枝，以利通风透光，雨季及时排水，防止果园过湿，行间不种蔬菜等经常灌水的作物。落叶后至发芽前清扫枣园内落叶，集中烧毁或深埋，消灭初侵染来源。

6月下旬，夏孢子萌发前，喷施80%代森锰锌可湿性粉剂（络合）800～1 000倍液。7月中旬，锈病盛发期，喷施12.5%烯唑醇可湿性粉剂3 000倍液或20%苯醚甲环唑水分散粒剂（世高）5 000～6 000倍液或25%戊唑醇水乳剂4 000倍液+30%爱苗（苯甲·丙环唑）乳油3 000～4 000倍液。

（四）冬枣疮痂病

1. 症状　主要为害枣吊，也侵染枣叶、枣头及青果。首先，在枣吊背部先出现赤褐色症状，严重时纵裂并溢流褐色黏液，使果实、叶片脱落（图7-16）。

2.病原　属细菌性侵染病害。

3.发生规律　多发生于枣幼果期。随风雨传播。树势衰弱、管理粗放易发病流行。

4.防治方法　加强水肥管理，增强树势，搞好春季清园。初发病时喷72%农用链霉素3 000～4 000倍液或20%噻菌铜悬浮剂500～600倍液或20%叶枯唑可湿性粉剂600～800倍液，7～10天喷一次，达到完全控制。

图7-16　冬枣疮痂病

（五）枣花叶病

1.症状　为害枣树嫩梢叶片，受害叶片变小，叶面凹凸不平、皱缩、扭曲、畸形，呈黄绿相间的花叶状（图7-17）。

2.病原　枣树花叶病毒 [*Jujube mosaic virvs* (JMC)]。

3.发生规律　此病主要通过叶蝉和蚜虫传播，嫁接也能传播。天气干旱，叶蝉、蚜虫数量多，发病就重。

4.防治方法　加强栽培管理，增强树势，提高抗病能力。嫁接时不从病株上采接穗，发病重的苗木要烧毁，避免扩散。

从4月下旬枣树发芽期喷药防治媒介叶蝉，可选用的药剂为40%辛硫磷乳油1 000～1 500倍液、40%丙溴磷乳油1 000～1 500倍液、2.5%联苯菊酯乳油1 000～1 500倍液、

图7-17　枣花叶病

2.5%高效氯氟氰菊酯水乳剂1 000～1 500倍液。防治蚜虫的药剂可选用5%吡虫啉微乳剂1 000～1 500倍液、5%啶虫脒乳油1 500～2 000倍液。

（六）枣疯病

1. 症状　此病的发生，一般是先从一个或几个枝条开始，然后再传播到其他枝条，最后扩展至全株。但也有全株同时发病的。症状特点是枝叶丛生，花器变为营养器官，花柄延长成枝条，花瓣、萼片和雄蕊肥大、变绿、延长成枝叶，雌蕊全部转化成小枝（图7-18）。病枝纤细，节间变短，叶小而萎黄，一般不结果。病树健枝能结果，但所结果实大小不一，果面凹凸不平，着色不均匀，果肉多渣，汁少味淡，不堪食用。后期病根皮层变褐腐烂，最后整株死亡。

2. 病原　目前确定为植原体（Phytoplasma）。

3. 发生规律　疯枣树是枣疯病的主要侵染来源，病原体在活着的病株内存活。北方枣产区自然传病媒介主要是3种叶蝉，即凹缘菱纹叶蝉、橙带拟菱纹叶蝉和红闪小叶蝉。地势较高、土地瘠薄、肥水条件差的山地枣园病重，管理粗放、杂草丛生的枣园病重。

图7-18　枣疯病

4.防治方法　加强枣园肥水管理，对土质差的进行深翻扩穴，增施有机肥，改良土壤，促进枣树生长，增强抗病能力，减缓枣疯病的发生和流行。枣产区尽量实行枣粮间作，避免病株和健株根的接触，以防止病害的传播。发现病苗立即拔除，严禁病苗调入或调出。及时刨除病树，去除病根蘖及病枝，减少侵染来源。药剂防治于早春树液回流至根部前，注射1 000万单位土霉素100毫升/株或0.1%四环素500毫升/株。防治传毒媒介害虫最佳喷药时期为4月下旬、5月中旬和6月下旬，药剂有40%辛硫磷乳油1 000 ~ 1 500倍液、40%丙溴磷乳油1 000 ~ 1 500倍液、2.5%联苯菊酯乳油1 000 ~ 1 500倍液、20%氰戊菊酯乳油1 500 ~ 2 000倍液等，全年共喷药3 ~ 4次。枣幼果期选用10%高效氯氟氰菊酯水乳剂4 000倍液。

（七）枣树腐烂病

1.症状　主要侵害衰弱的枝条。病枝皮层开始变红褐色（图7-19），逐渐枯死，以后从枝皮裂缝处长出黑色小点，即为病原菌的子座。

图7-19　枣树腐烂病

2.病原　半知菌亚门真菌，无性世代为 *Cytosporu* sp.，称壳囊孢。

3.发生规律　病原菌以菌丝体或子座在病皮内越冬，第二年春后形成分生孢子，通过风雨和昆虫等传播，经伤口侵入。该菌为弱寄生菌，先在枯枝、死节、干桩、坏死伤口等组织上潜伏，然后侵染活组织。枣园管理粗放、树势衰弱，则容易感染。

4.防治方法　加强管理，多施农家肥，增强树势，提高抗病力。彻底剪除树下的病枝条，减少病害的侵染来源。轻病枝可先刮除病部，然后用辛菌胺醋酸盐水剂400～500倍液、韩孚清园糊剂50倍液涂抹，消毒保护。

（八）枣枝枯病

1.症状　当年生营养枝发病后出现变色病斑，6～7月新生枝条发病后出现长圆形或纺锤形乳白色的小突起，后逐渐变褐色。疣点中间裂开，可见乳白色物。春天疣点增大，遇雨或环境潮湿的情况下，从中挤出乳白色卷丝状分生孢子角（图7-20）。

2.病原　壳梭孢菌（*Fusicoccum* sp.），属半知菌亚门真菌。

3.发生规律　病原以菌丝或分生孢子在病组织中越冬。第二年分生孢子借风雨或昆虫传播，通过枝条上的皮孔或伤口侵入寄生。大树发病重，小树发病轻；树势愈弱，发病愈重。土壤瘠薄、土壤积水、管理粗放的枣园病害发生较重。此病的发生还与枝叶害虫和其他病害密切相关，龟蜡介壳虫和煤污病为害严重的枣园，该病的发生也特别严重。

图7-20　枣枝枯病

4.防治方法　结合修剪除去病虫枯枝，可减少发病来源。加强管理，增施农家肥，提高土壤肥力，增强抗病力。雨季注意排涝，避免积水，并应积极防治其他病虫害。

（九）枣果锈病

1.症状　当果皮表面受到外界摩擦或刺伤时，木栓层代替了表皮起保护作用，所以果面出现一层果锈，影响外观（图7-21）。

2.发生规律　该病属生理性病害。果锈发生与栽培管理的水平有关，凡管理条件好、树势壮、叶片完整，果锈发生就轻或不发生；反之则重。在多湿、低温、冷风时易引起果锈，特别是盛花后16～20天内的大气湿度关系最为密切。大气湿度越高，果锈率也就越高。所以不同年份果锈发生有轻有重。果实含氮、磷高，

图7-21　枣果锈病

果锈轻；反之则重。锈壁虱为害重的枣园，果锈重。幼果期喷洒含硫酸铜高的药剂也能产生果锈。

3. 防治方法　加强枣园的栽培管理，增强树势，可减轻果锈发生。果实发育良好，果锈显著减少。春季土壤干旱时及时灌水，也可减轻果锈病。及时防治锈壁虱，可减轻果锈。

落花后10天喷多菌灵胶悬剂600倍液或其他药剂。

（十）枣裂果病

1. 症状　果实将近成熟时，如连日下雨，在果面纵向裂开一长缝，果肉稍外漏，随之裂果腐烂变酸，不能食用（图7-22）。果实裂开后，易引起炭疽病等病原菌侵入，从而加速了果实的腐烂变质。

2. 发生规律　该病为生理性病害。主要是夏季高温多雨，果实接近成熟时，果皮变薄等因素所致。也可能与缺钙有关。

3. 防治方法　合理修剪，注意透风透光，有利于雨后枣果表面迅速干燥，减少发病。

从7月下旬开始喷翠康钙宝1 500倍液，以后每隔10 ~ 20天再喷同样倍数的翠康钙宝，直到采收，可明显降低枣的裂果病。喷氯化钙可结合病虫害防治同时进行。

图7—22　枣裂果病

（十一）枣树黄叶病

1.症状　新梢上的叶片变黄或黄白色，而叶脉仍为绿色，严重时顶端叶片焦枯（图7—23）。

2.发生规律　该病属生理性病害，主要是由于缺铁所致。常发生在盐碱地或石灰质过高的地方。以苗木和幼树受害最重。当土质过碱和含有多量碳酸钙时，使可溶性铁变为不溶性状态，植株无法吸收，或在体内转运受到阻碍。

3.防治方法　增施农家肥，使土壤中铁元素变为可溶性，有利于植株吸收。也可用瑞恩铁与饼肥或牛粪混合施用。即瑞恩铁溶于水中，与5千克饼肥或50千克牛粪混合后施入根部，有效期约半年。在生长期也可向植株连续喷瑞恩铁1 500 ～ 2 000倍液＋0.3％磷酸二氢钾＋0.2％食用醋，间隔5 ～ 7天，连喷2 ～ 3次，均有良好效果。

图7-23　枣树黄叶病

附录 冬枣周年管理历

（以陕西为例）

物候期 （月份）	肥水管理	病虫防治	配套管理
萌芽期 （3月下旬至4月上旬）	亩施45%龙腾硫基（15－15－15）50千克，花果多土壤调理剂50～75千克，诺邦地龙生物有机肥40～80千克，加沃益多2套（稀释激活后根施）。	1.芽前喷48%毒死蜱1000倍液+氟硅唑2000倍液+SK矿物油200倍液。 2.芽后喷70%吸刀吡虫啉10000倍液防治绿盲蝽等。	1.抹芽、摘心，一般1个枣股留2～3个枣吊。 2.主枝光秃带明显的要在基部预留更新枝。
抽枝展叶期 （4月上旬至5月中旬）	1.叶面喷施翠康生力液1500倍液。 2.弱树涂干配方：诺邦氨基酸肥1千克＋4千克水。 3.亩追施比奥齐姆（18－8－24＋Ca10＋TE）5～10千克。		

（续）

物候期 （月份）	肥水管理	病虫防治	配套管理
花期（5月中下旬至6月中旬）	1.花前5～7天喷0.1%芸薹素内酯3 000倍液+翠康花果灵1 000倍液。 2.花蕾期喷1～2次85%赤霉素20毫克/千克（每包对水45千克）+翠康金朋液2 000倍液，提高坐果。 3.剥后1周幼果有黄豆粒大小时，喷一次葡丰保30毫升+15千克水+0.2克赤霉素。	花前喷施苯醚·咪鲜胺2 000倍液+20%噻菌酮800倍液+70%吸刀吡虫啉10 000倍液+10%劲步6 000倍液。预防黑斑病、焦叶病、细菌性疮痂病、缩果病和枣绿盲蝽、枣瘿蚊等。	1.枣吊摘心。 2.留辅养枝环剥。 3.喷水，放蜂。
幼果期（6月下旬至7月）	1.亩追施40%硝硫基复合肥20千克+50%聚离子生态钾15～30千克，或比奥齐姆（18－8－24+Ca10+TE）5～10千克。 2.叶喷翠康金朋液2 000倍液+翠康生力液800倍液或比奥齐姆（18－8－24+Ca10+TE）600～800倍液。	花后喷阿米妙收2 500倍液（或80%绿色大生800倍液）+20%噻菌酮500倍液+5%甲维盐10 000倍液或3.2%阿维菌素6 000倍液，防治缩果病、炭疽病、焦叶病、食心虫、红蜘蛛等。	1.疏果。 2.甲口愈合不良的可涂抹赤霉素泥包扎处理。

（续）

物候期 （月份）	肥水管理	病虫防治	配套管理
果实膨大期至白熟期 （8～9月）	8月上旬间隔7～10天连喷翠康钙宝1 000倍液或比奥齐姆（8－16－40＋TE）或比奥齐姆（18－8－24＋Ca10＋TE）600～800倍液1～2次，预防裂果。	选20%苯醚·咪鲜胺2 000倍液＋72%农用链霉素3 000倍液＋15%哒螨灵1 500倍液，防枣锈病、炭疽病、缩果病、红蜘蛛等。	1.中耕除草。 2.加固树体。 3.适时采收。
落叶期 （10～11月）	1.亩施鸡粪或羊粪2 000～3 000千克＋控释肥60～80千克＋多酶金尿素20千克＋诺邦地龙生物肥40～80千克，加沃益多2套（稀释激活后根施）。 2.叶喷翠康保力1 000倍液。	全园喷一次50%多菌灵600倍液＋48%毒死蜱1 000倍液，增加树体营养，降低越冬病菌和绿盲蝽产卵。	设施栽培封闭棚膜，使棚内温度保持在16～30℃，延长绿叶功能期至10月底。捡拾落果，剪除病虫枝，特别是要彻底疏除绿盲蝽喜产卵的短桩。
休眠期（12月至翌年3月）	冬灌。	全园喷7波美度石硫合剂。	冬剪、深翻、刮皮、涂白。